# Töpfern

## Ideen für die Weihnachtszeit

S. Michel, R. Buddenbohm, B. Peter

# Töpfern

## Ideen für die Weihnachtszeit

ENGLISCH VERLAG

Die Deutsche Bibliothek – CIP-Einheitsaufnahme
**Töpfern: Ideen für die Weihnachtszeit**/S. Michel, R. Buddenbohm, B. Peter –
Wiesbaden: Englisch, 2000
ISBN 3-8241-0844-5


ISBN 3-8241-0844-5

Titelbild: Frank Schuppelius, Fotos: Susanne Héraucourt-Multer, Frank Schuppelius
Printed in Spain

# Inhaltsverzeichnis

# Vorwort

Wenn Weihnachten naht, bricht bei vielen Menschen die Bastelfreude aus: Die langen Abendstunden laden dazu ein, allein oder gemeinsam mit Freunden kreativ tätig zu werden, um seine Umgebung weihnachtlich und gemütlich zu gestalten.

Ton ist ein wunderbares Material, um dieser vorweihnachtlichen Bastelfreude zum Erfolg zu verhelfen, denn Ton macht, was man will. Fehlt ein Stück, dann kann etwas angesetzt werden. Ist etwas zuviel, dann schneidet oder schabt man ein Stückchen ab. Außerdem lässt sich dieses Material unterschiedlichen Gestaltungsformen zuordnen. Man kann sowohl geradlinige Formen als auch verspielte Objekte herstellen, und der Charakter jedes Stückes kann durch die Vielfalt der Glasuren, die der Markt bietet, zusätzlich unterstrichen werden.
Im ersten Teil dieses Buches werden wir in Stichworten Begriffe aus dem Bereich des Töpferns erläutern und Tricks, Kniffe und Hilfestellungen beschreiben, mit denen wir uns die Arbeit mit Ton erleichtern und Misserfolge vermeiden. Dabei geht es weniger um die Vermittlung theoretischen Wissens, als vielmehr um praktische Aspekte, die für den Hobbytöpfer von Interesse sind.

Im praktischen Teil geht es dann zunächst um flachere Objekte: Wir beschreiben einige weihnachtliche Tisch- und Fensterdekorationen.

Danach stellen wir Objekte vor, die aus Tonplatten zusammengesetzt werden: Röhren- und Kegelformen, eckige Formen und vieles andere mehr.

Schließlich werden noch Vorschläge beschrieben, die aus einer Kugelform entstehen: z.B. eine Vase, verschiedene Windlichter, weihnachtliche Figuren wie Schnee- und Weihnachtsmann.

Damit man eine Vorstellung vom Schwierigkeitsgrad der einzelnen Vorschläge bekommt, haben wir eine Punktwertung hinter die Überschriften gesetzt:

* = ganz leicht,
** = auch noch leicht,
*** = etwas schwieriger,
**** = für Leute mit Geduld und guten Nerven.

Viele Teilnehmerinnen unserer Kurse haben die Vorschläge ausprobiert und für gut befunden. Wir hoffen, dass auch die Leser dieses Buches die beschriebenen Objekte erfolgreich nacharbeiten können oder dadurch angeregt werden, sie nach eigenen Vorstellungen abzuwandeln.

# Kleines Lexikon der Begriffe und Kniffe

## Antrocknen

Häufig kann man ein getöpfertes Stück besser handhaben oder dekorieren, wenn der Ton schon ein bisschen angetrocknet ist und die Form behält. Das gilt insbesondere für die Kugeltechnik, aber auch beim Zusammensetzen von Tonplatten. Nach ein, zwei Stunden in einem warmen Raum oder auf der Heizung ist der Ton normalerweise stabil genug für die weitere Verarbeitung. Tonplatten trocknen auch prima zwischen einigen Lagen Zeitungspapier.

Wenn man es eilig hat, kann man das Antrocknen mit einem Fön, einem Heißluftgerät aus dem Baumarkt oder auch in der Mikrowelle beschleunigen. Letzteres funktioniert prima, aber man muss es ausprobieren, weil die Einstellzeiten je nach Größe und Dicke der Arbeit variieren.

## Aushöhlen

Ton darf nicht zu dick verarbeitet werden. Die Gefahr von Lufteinschlüssen, die beim Brennen zur Explosion des Objektes führen können, erhöht sich, je dicker der Ton ist. Außerdem brauchen die Teile dann sehr lange zum Trocknen. Alles, was dicker als 1-2 cm ist, sollte deshalb ausgehöhlt werden. Dazu eignet sich eine gebogene Haarnadel, ein Löffel oder am besten eine Modellierschlinge, die es im Fachhandel zu erwerben gibt. Ausgehöhlte Objekte müssen mit einem Loch versehen werden, durch das die Luft beim Brennen entweichen kann.

## Ausrollen

Zum Ausrollen eignet sich Zeitungspapier, das man aber öfter auswechseln muss, oder auch ein Stück Stoff. Mit einem Holzbrett kommen wir nicht so gut zurecht. Beim Ausrollen sollte man die Tonplatte immer wieder umdrehen, dann geht's leichter!

Je gleichmäßiger eine Tonplatte ausgerollt wird, desto unanfälliger ist sie gegen Rissbildung beim Trocknen oder Brennen. Größere Platten sollten nicht zu dünn sein. Sie verformen sich sonst leicht beim Trocknen.

## Brennen

Beim Brennen geht der Ton in einen festen Scherben über, der nicht mehr von Wasser aufgeweicht werden kann, mitunter sogar wasserundurchlässig ist. Der Brennvorgang geschieht in speziellen Öfen, die mit Holz, Gas oder Strom betrieben werden. Die Brennöfen, die im Hobbybereich Verwendung finden, sind

Elektroöfen. Ein Backofen reicht mit seinen Brenntemperaturen nicht aus, erst bei ca. 600° findet die sogenannte Scherbenbildung statt.
Wer selbst keinen Brennofen besitzt, sollte sich nach einer Brennmöglichkeit umsehen. In größeren Städten gibt es meistens Töpfereibedarfshändler, die auch Lohnbrand durchführen. In ländlichen Gebieten sollte man einmal die Kunsthandwerker- und Hobbymärkte in der Umgebung abklappern. Vielleicht findet man einen netten Menschen, der bereit ist, gegen Entgelt fremde Sachen mitzubrennen.
Töpferkurse aller Art bieten sich natürlich auch an.
Wenn man richtig töpfersüchtig ist, sollte man über den Kauf eines eigenen Ofens, vielleicht zusammen mit einigen Gleichgesinnten, nachdenken. Einen kleinen Elektroofen mit 45 Litern Inhalt und einfacher Temperatursteuerungstechnik bekommt man bereits zu erschwinglichen Preisen.

# Glasuren

Glasur nennt man eine glasige Schicht, mit der man getöpferte und schon geschrühte Objekte überzieht. Anfangs liegt die Glasur in Form einer pulvrigen Schicht auf dem Scherben oder dem Rohling auf. Diese Schicht besteht aus glasbildenden Materialien, Flussmitteln und Stabilisatoren. Im Laufe des Brennprozesses schmelzen diese Rohstoffe zusammen und bilden während des Abkühlens einen Überzug aus einem neuen, glasartigen Material.
Viele Glasuren enthalten giftige Schwermetalle wie Blei, Cadmium oder Selen. In den letzten Jahren ist die Anzahl der schadstofffreien oder -armen Pulver- und Flüssigglasuren jedoch beständig angestiegen, sodass man sich beim Kauf auf solche Produkte (wie sie auch in unseren Beispielen ausschließlich verwendet wurden) beschränken sollte. Die einfachste Aufbereitung bei gutem Ergebnis haben dabei die Flüssigglasuren.

# Glasurbrand (Glattbrand)

Bei diesem Brand werden die Glasuren geschmolzen und verbinden sich ganz fest mit unserem getöpferten Stück. Bei unseren Beispielen haben wir Glasuren benutzt, die bei einer Temperatur von 1020° bis 1080° schmelzen. Diese Glasuren gibt es in großer Auswahl im Fachhandel; sie werden im Hobbybereich überwiegend benutzt, weil sie unkompliziert in der Handhabung sind. Wenn Tonstücke unter 1200° gebrannt werden, spricht man übrigens von Steingut.
Bei Brenntemperaturen über 1200° spricht man von Steinzeug, ab 1300° von Porzellan. Je höher der Ton gebrannt wird, desto härter und wasserundurchlässiger wird er. Das ist auch der Grund dafür, dass bei einem dickwandigen Kaffeebecher eher ein Stück Rand abschlägt als bei dünnwandigem Porzellan.
Wie hoch ein Ton gebrannt werden darf, steht gewöhnlich auf der Packung. Dunkler Ton kann nicht so hoch gebrannt werden wie heller.

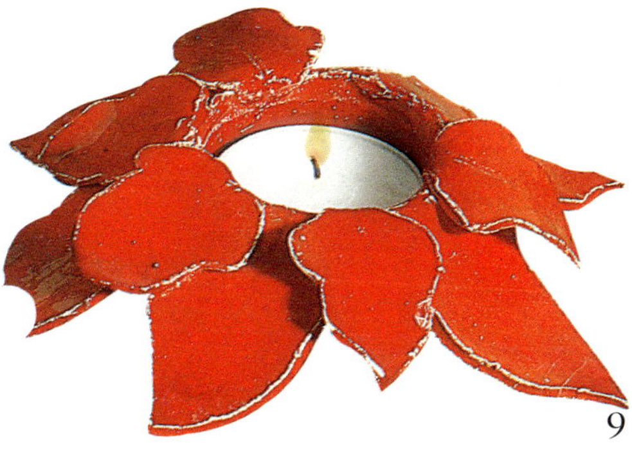

# Glasursorten

Glasuren unterscheiden sich nicht nur in Farbe und Oberfläche (von glatt und glänzend bis steinig und rau) voneinander, sie sind auch abgestimmt auf die Temperatur, mit der sie gebrannt werden sollen. Wir haben in unseren Beispielen ausschließlich Steingut-Glasuren benutzt, deren Brennbereich zwischen 1020 und 1080°C liegt. Diese Glasuren, die im Hobbybereich überwiegend Verwendung finden, gibt es in einer großen Farbbreite im Fachhandel zu kaufen.

Daneben gibt es noch Glasuren für einen höheren Brennbereich (Steinzeugglasuren), aber auch für niedrigere Temperaturen (z.B. Rakuglasuren).

Glasuren kann man in Pulverform oder als gebrauchsfertige Flüssigglasur kaufen. **Wir haben bei unseren Beispielen ausschließlich die fertigen Flüssigglasuren verwendet, die zwei- bis dreimal mit einem normalen Pinsel aufgetragen werden und dann eigentlich immer zu guten Ergebnissen führen.** Sie laufen beim Brennen weniger stark vom Scherben ab und haften sehr gut. Viele Firmen haben ihr Programm an Flüssigglasuren während der letzten Jahre enorm ausgedehnt.
Bei Pulverglasuren ist die Auswahl größer und sie sind preiswerter. Aber man muss sie noch anrühren und verschiedene andere Stoffe zusetzen, damit sie schön fest am Scherben haften und damit die angerührten Glasuren nicht nach kurzer Lagerzeit steinhart werden. Sie sind schwieriger aufzutragen und man kann sie häufig nur in 1-kg-Gebinden kaufen.
Nach unserer Ansicht ist es im Hobbybereich wegen der guten Ergebnisse lohnenswert, mit Flüssigglasuren zu arbeiten.

# Glätten

Zum Glätten eines frisch getöpferten Stückes kann man neben den Fingern auch sehr gut einen leicht feuchten Schwamm benutzen. Für kleine Ecken und Rillen eignet sich ein kleiner nasser Borstenpinsel ganz prima.

# Händler

Ton, Glasuren, Werkzeuge, Öfen und Hilfsmittel zum Brennen erhalten Sie beim Töpfereibedarfshandel, in gut sortierten Hobbyfachgeschäften, in manchen Baumärkten mit Bastelabteilung und bei einigen Versandhändlern, die sich auf diesem Gebiet spezialisiert haben. Allerdings muss man in ländlichen Gebieten häufig sehr weit fahren, um zu einem entsprechenden Geschäft zu gelangen.

# Risse

Es passiert mitunter besonders bei größeren Teilen, dass sich beim Trocknen Risse bilden. Die Ursache hierfür liegt häufig darin, dass diese Objekte am Rand schneller trocknen als innen. Dadurch schrumpft außen der Ton eher als in der Mitte und es kommt zu Rissen. Meistens hilft es, wenn wir das Objekt während des Trocknens mit Folie abdecken.
Ein weiterer Grund kann darin liegen, dass eine Platte ungleichmäßig dick ausgerollt ist.
Trocknungsrisse kann man aber mit etwas Geduld, Ton, viel Schlicker und ein bisschen Schmirgelpapier meistens wieder beheben.
Risse, die erst nach dem ersten Brand sichtbar werden, sind schwer zu beseitigen, zumal sie dazu neigen, beim zweiten Brand weiter aufzureißen. Es gibt zwar Reparaturmassen, aber nach unseren Erfahrungen führen diese nicht zu zufriedenstellenden Ergebnissen. In diesen Fällen kann man manchmal ein bisschen mogeln, indem man z.B. ein Blatt oder einen Stern töpfert, dieses Teil getrennt glasiert und es beim Glasurbrand auf dem Riss festbrennen lässt.

# Schablonen

Sie sind nicht jedermanns Sache. Jedoch sind sie beim Töpfern nicht nur dann hilfreich, wenn man exakt arbeiten möchte. Hebt man die Schablonen nämlich gut auf, erweisen sie sich auch als eine gute Gedächtnisstütze, weil man dadurch noch nach langer Zeit nachvollziehen kann, was man früher einmal gearbeitet hat. Allein aus dem Durchsehen alter Schablonen kommen uns immer wieder neue Töpferideen.
Wenn wir uns eine Schablone erstellen, reicht gewöhnlich ein festeres Stück Papier dafür aus.
Am einfachsten funktioniert sogenanntes Architektenpapier. Dieses Papier, das wie dickes Transparentpapier aussieht, wird für technische Zeichnungen benutzt und ist im Schreibwarenhandel erhältlich. Wir zeichnen unsere Vorlage auf das Papier und schneiden die äußeren Konturen aus. Danach legen wir die Schablone auf den Ton und schneiden die äußere Form mit einem Messer oder Skalpell aus. Die Linien im Inneren der Schablone malen wir nun mit einem stumpfen Gegenstand (stumpfer Bleistift oder Schaschlikspieß) nach. Die Linien drücken sich auf den Ton durch. Die Schablone wird abgezogen und man kann auf der Tonplatte weiterarbeiten. Diese Schablonen halten übrigens erstaunlich lange, ehe sie sich zusammenrollen oder reißen!

# Schlicker

Besteht aus getrocknetem Ton, den man in einem Tuch mit einer Kuchenrolle zerbröselt und dann mit Wasser in einem alten Marmeladenglas zu einem dünnflüssigen Brei anrührt. Wenn man erst einmal einen Schlickertopf angefangen hat, kann man kleine Tonreste, die beim Töpfern entstehen, zum Auffüllen benutzen. Nach Bedarf wird der Schlicker immer wieder mit Wasser eingeweicht.
Schlicker wird als Kleber benutzt. Wenn ein Tonteil an ein anderes angebracht werden soll, müssen beide Teile an der Ansatzstelle mit Schlicker eingestrichen werden. Dazu benutzt man am besten einen alten Pinsel. Außerdem muss man

diese Teile, außer wenn sie ganz winzig sind, fest andrücken. Größere Teile sollten zusätzlich mit einer Kuchengabel an den Klebestellen aufgeraut werden, bevor man mit Schlicker fixiert. Man sollte sich für jede Tonfarbe, die man verwendet, einen eigenen Schlickertopf zulegen.

## Schmirgeln

Ein trockenes Stück kann man übrigens prima mit Schmirgelpapier glätten. Aber Vorsicht! Es ist in diesem Zustand erheblich bruchempfindlicher als eine Eierschale.

## Schrühbrand (Rohbrand)

In diesem Brand findet die Scherbenbildung statt. Das heißt, unser getöpfertes Werk bekommt eine steinartige Konsistenz. Wir benutzen dafür eine Temperatur von 960°. Bei dieser Temperatur ist unser Getöpfertes schon recht hart und unempfindlich, nimmt aber noch Wasser auf, sodass die Glasuren, die nun aufgetragen werden, gut trocknen.

## Ton

Ton ist ein im feuchten Zustand schweres, plastisches Material, das beim Trocknen fest wird und durch Temperatureinwirkung in ein hartes, wasserdichtes Material verwandelt werden kann. Ton entsteht durch Zersetzung eruptiver Gesteine.
Hier in Deutschland wird der Ton für Töpfereien überwiegend im Westerwald abgebaut und zu gebrauchsfähigen Massen weiterverarbeitet.
Ton ist normalerweise in 10-kg-Paketen erhältlich, und zwar beim Töpfereibedarf, im Hobbyfachhandel oder auch in Baumärkten mit Bastelabteilungen. Nicht verwenden sollten Sie selbstgefundenen Ton und auch Ton aus Ziegeleien, insbesondere, wenn man keinen eigenen Ofen zum Brennen hat. Mitunter explodieren die Werkstücke oder sie sind für die üblichen Temperaturen nicht geeignet. Dadurch werden andere Teile im Ofen in Mitleidenschaft gezogen.

## Tonlagerung

Um Ton zu lagern, muss er in einer Plastiktüte gut verschlossen werden, sodass er nicht austrocknen kann. Sollte das trotzdem einmal passieren, wickelt man den trockenen Tonklumpen in ein nasses Handtuch und packt ihn wieder in die Tüte. Bei Bedarf muss man diesen Vorgang wiederholen.
Sie sollten also zwei, drei Tage, bevor Sie mit Ihrer Töpferarbeit beginnen, nachschauen, ob der Ton noch weich ist.

## Tonsorten

Wir haben für alle unsere Beispiele den im Hobbybereich überwiegend verwendeten Aufbauton benutzt. Diesem Ton wurden kleingemahlene, schon gebrannte Tonpartikel, sogenannte Schamotte, zugesetzt, damit er stabiler und leichter zu verarbeiten ist. Der Schamotteanteil liegt beim Aufbauton bei ca. 25%. Die Schamotteteilchen haben eine Körnung bis 0,5 mm.

Wer auf der Scheibe töpfert, benutzt übrigens Ton mit ganz feingemahlenen Schamotten oder verzichtet gänzlich auf Schamotteanteil. Für große Teile und für Platten bevorzugt man Ton mit einem hohen Schamotteanteil, da dieser Ton weniger anfällig für Risse und Verformungen ist. Weiterhin kann man zwischen verschiedenen Farbrichtungen wählen. Es gibt hellen, beigefarbenen, roten (Terrakotta) und dunklen Ton. Grundsätzlich kann man sagen, dass die Glasurfarben auf hellem Ton intensiver herauskommen als auf dunklerem.
Man sollte sich also vor dem Töpfern überlegen, welche Wirkung man erzielen möchte und danach den Ton einkaufen.

## Trocknen

Um ein getöpfertes Stück zu trocknen, legen wir es zunächst in einen kühlen Raum, am besten auf ein Metallregal. Zu schnelles Trocknen führt zu Rissen. Holzregale sind nicht so gut geeignet, weil das Holz einen Teil der Feuchtigkeit aus dem Ton aufnimmt.
Flache Stücke wie Bilder, Kacheln oder Blumenstecker kann man zumindest am Rand mit alten Fliesen beschweren, damit sie sich beim Trocknen nicht biegen.
Nach ein paar Tagen darf das Stück dann in einem warmen Raum zu Ende getrocknet werden. Kleine und dünnwandige Teile kann man nach einigen Tagen in den Schrühbrand geben. Bei großen und dicken Teilen sollte man zwei, drei Wochen Geduld aufbringen. Zu kurz getrocknete Teile explodieren mitunter beim Brennen.
Große Werkstücke sollte man ganz langsam trocknen, indem man sie mit einer Folie abdeckt. Die Ränder trocknen nämlich erheblich schneller als der Rest, sodass es ohne Folie leicht zu Trocknungsrissen kommt.

## Werkzeuge

Unbedingt nötig sind: eine stabile Kuchenrolle, ein spitzes Küchenmesser, ein spitzer Gegenstand wie Zahnstocher, Stopfnadel oder Töpfernadel, Draht zum Tonabschneiden, eine alte Kuchengabel, ein Lineal oder besser ein Maßband sowie Strohhalme zum Löcherbohren. Zum Glasieren benötigen Sie einen Pinsel mit langen Borsten und einen feineren Haarpinsel.
Wenn wir eine Tonkugel arbeiten möchten, empfiehlt sich die Anschaffung von Styroporkugeln oder -halbkugeln aus dem Hobbyfachhandel.
Für die Herstellung von Röhrenformen sind Papprollen verschiedener Größe sehr hilfreich. Stabile größere Papprollen bekommt man beim Teppichhändler. Auch Einweckgläser und zersägte Abflussrohre sind gut zu verwenden, ebenso wie Keks-Dosen.
Nicht unbedingt notwendig, aber gut zu gebrauchen sind: aus dem Fachhandel einige Modellierhölzer zum Glätten und Formen und eine Modellierschlinge zum Aushöhlen. Aus der Apotheke kann man sich noch ein spitzes Skalpell besorgen, weil man damit den Ton ganz exakt schneiden kann.
Hilfreich sind natürlich auch verschiedene weihnachtliche Ausstechformen, die wir im Küchenfachhandel erhalten.
Alles, was man sonst so an Zubehör benötigt, findet man gewöhnlich im Küchenschrank oder in der Kramschublade: alte Kugelschreiber, Knoblauchpresse, Teesieb, Löffel, Holzleisten, Schwamm, Teller, Schüsseln usw.

# Vorschläge und Ideen

## Flache Formen

## Serviettenringe *

### Material

- weißer Ton
- Flüssigglasuren in Olivgrün (Standstrahlglasur) und Jadegrün (Sandstrahlglasur)

### Anleitung

Wir zeichnen uns selbst eine Schablone oder vergrößern die Vorlage auf einem Kopiergerät. Die von uns gewählte Tannenbaumschablone ist 10,5 cm hoch. Dann schneiden wir die Konturen und das Loch in der Mitte (Ø ca. 3 cm) aus. Wir legen die Schablonen auf ein dünn ausgerolltes Stück Ton und schneiden die Konturen und das Loch mit einem spitzen Messer oder einem Skalpell aus. Zum Trocknen legen wir die Serviettenringe auf ein Metallregal oder ein altes Backblech und beschweren sie mit einem Frühstücksbrett oder Fliesen, damit sie schön flach und gerade bleiben. Nach dem Schrühen pinseln wir sie mit einer olivgrünen Sandstrahlglasur zwei- bis dreimal beidseitig an. Die Ränder haben

wir noch mit einer jadegrünen Sandstrahlglasur einmal übermalt.
Der Glasurbrand erfolgt bei 1050° oder höher, wobei wir die Serviettenringe auf einen dicken feuerfesten Draht (Kanthaldraht, gibt es im Fachhandel zu kaufen) aufgehängt und diesen über zwei Ofenstützen gelegt haben.

*Tipp:* Mit einem Lackstift in Gold oder Silber kann man die Namen der Gäste auf den Tannenbaum schreiben und hat damit gleichzeitig Tischkarten.

# Weihnachtsmannkopf *

## *Material*

- weißer Ton
- Flüssigglasuren in glänzendem Mittelrot (Nase, Mund, Mütze) und weiße Plusterglasur „Snow“ (Bart und Bommel)

## *Anleitung*

Wir zeichnen uns selbst eine Schablone oder vergrößern die Vorlage auf einem Kopiergerät. Die Originalschablone ist 6 cm hoch und 7,5 cm breit. Dann schneiden wir die Konturen aus.

Wir legen die Schablonen auf ein dünn ausgerolltes Stück Ton und schneiden die Konturen mit einem spitzen Messer oder einem Skalpell aus. Die Linien für das Gesicht drücken wir mit einem Schaschlikspieß auf den Ton durch.
Die Nase des Weihnachtsmanns haben wir gesondert als kleine Kugel mit Schlicker aufgesetzt. Die Augen werden mit einem Kugelschreiber mit versenkter Mine eingedrückt.
Damit sich der Kopf nicht verbiegt, haben wir ihn zum Trocknen mit einem Holzbrettchen beschwert. Nach dem Schrühbrand bemalen wir die Weihnachtsmänner wie oben beschrieben.
Der Glasurbrand erfolgt bei 1050° oder höher.
*Tipp:* Mit einem Loch versehen geben die Weihnachtsmänner originellen Tannenbaumschmuck ab oder dienen als Geschenkanhänger. In diesem Fall empfiehlt sich eine zweiseitige Bemalung. Die Weihnachtsmänner können dann auf einem feuerfesten Draht (Kanthaldraht) aufgezogen und zwischen zwei Ofenstützen oder auf einem speziellen Ständer (Perlenständer) aufgehängt werden.
Man kann dieses Motiv übrigens auch sehr gut als Brosche verwenden. Broschennadeln kann man im Bastelgeschäft erwerben und nach dem Brand aufkleben (am besten mit Zweikomponentenkleber oder Sekundenkleber-Gel).

# Serviettenständer **

### *Material*

- weißer Ton
- Effektglasur in Grün, Glasur in Weiß oder Beige, die etwas läuft
- 1 flacher Karton, der mit einem Strumpf überzogen wird

### *Anleitung*

Eine Vorlage für den Serviettenständer erstellen wir uns selbst, indem wir ein DIN-A4-Blatt zweimal falten (Skizze 1).

Auf dieses gefaltete Blatt zeichnen wir uns einen halben Weihnachtsbaum (Skizze 2) mit drei oder vier Bögen. Der erste Bogen beginnt 4 cm über dem unteren Rand, damit man eine ausreichend große Standfläche bekommt. Wir schneiden den halben Tannenbaum aus und falten das DIN-A4-Blatt wieder auseinander (Skizze 3) und legen die Schablone auf ein ausgerolltes Stück weißen Ton (der Ton darf ruhig dünn ausgerollt sein), dann schneiden wir die Konturen aus. Wer mag, sticht noch mit kleinen Ausstechformen Sterne, kleine Tannenbäume und mit einem Strohhalm Kreise aus. Dann kann man den Serviettenhalter auch für ein Teelicht benutzen.

Wir stellen den Karton auf die schmale lange Seite und hängen den Serviettenhalter darüber (Skizze 4). Dabei müssen die Kanten gut nachgestrichen werden. Der Serviettenständer sollte unten schön gerade sein, damit er einen festen Stand hat.

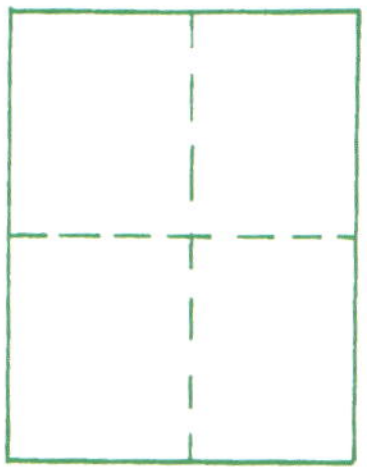

*Skizze 1*

*Skizze 2*

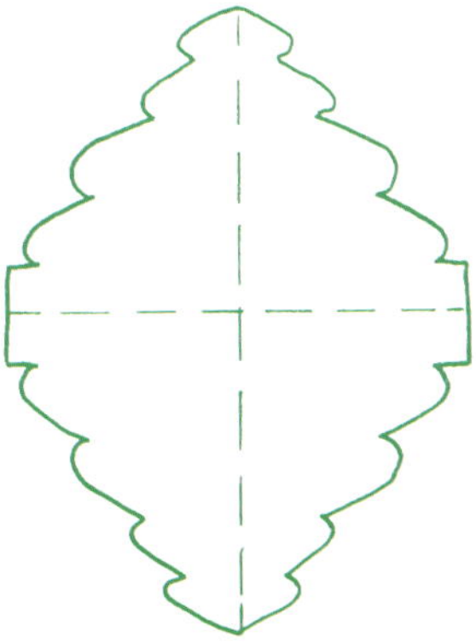

*Skizze 3*

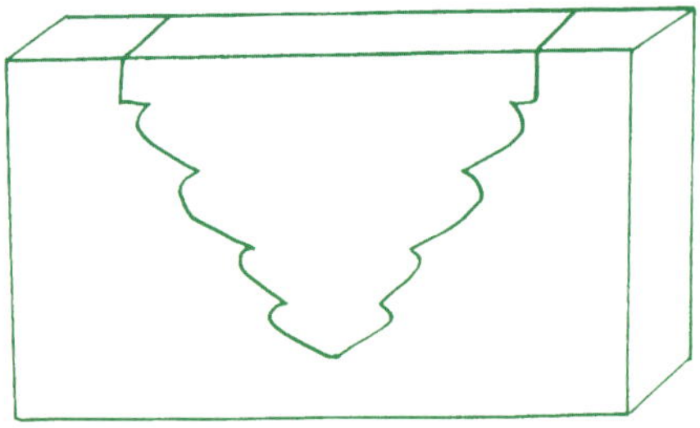

*Skizze 4*

Links und rechts stellen wir noch zwei Flaschen oder andere schwere Gegenstände an die Tannenbäume, damit sie sich nicht hochbiegen können.
Nach einigen Stunden, wenn der Serviettenständer angetrocknet ist, muss er unbedingt von dem Karton abgenommen werden. Wir stellen den Serviettenständer hin und unsere Flaschen kommen zur Sicherheit nochmals als Stütze daneben.
Nach dem Trocknen und Schrühen wird der Serviettenständer mit der grünen Effektglasur glasiert. Darüber setzen wir noch ein paar Striche helle Glasur und brennen bei 1050°.

# Nikolausstiefel **

## *Material*

- roter Ton
- Flüssigglasuren in Braun matt (Stiefel), Gelb (Stern), Rot (Herz), Bronze (Lebkuchen) und Grün (Tannenzweige)

## *Anleitung*

Auf einem Kopiergerät vergrößern wir die Vorlage auf die gewünschte Größe. Das Original ist etwa 18 x 18 cm groß. Dann schneiden wir die Schablone aus.
Danach legen wir die Schablone auf ein nicht zu dünn ausgerolltes Stück Ton und schneiden die Konturen aus. Mit einem Schaschlikspieß zeichnen wir auf der Schablone vorsichtig die Linien im Inneren der Schablone nach, sodass sie sich auf dem Ton abdrücken.
Mit einem sehr spitzen Messer, oder noch besser mit einem Skalpell (Apotheke), schneiden wir die schraffierten Aussparungen vorsichtig aus. Die Linien werden mit dem Schaschlikspieß nachgezeichnet.
Zum Trocknen legen wir den Stiefel auf ein Metallregal oder ein altes Backblech und beschweren ihn mit einer Fliese, damit er schön flach und gerade bleibt.
Nach dem Trocknen und dem Schrühbrand haben wir den Stiefel mit den angegebenen Flüssigglasuren zwei- bis dreimal beidseitig eingepinselt.
Zum Brennen wurde der Schuh auf drei

kleine Metallspitzen aufgelegt, die im Fachhandel erhältlich sind. Man kann ihn aber auch auf einem dicken feuerfesten Draht (Kanthaldraht, auch im Fachhandel erhältlich) zwischen zwei Ofenstützen aufhängen. Die Brenntemperatur liegt bei 1050° oder etwas höher.
Danach wurde der Nikolausstiefel mit dünnem Schleifenband (aus dem Hobbyfachhandel) aufgehängt.

*Tipp:* Der Nikolausstiefel sieht auch schön aus, wenn man ihn aus rotem Ton arbeitet und unglasiert lässt.

# Schäfer mit Schafen **

### *Material*

- roter Ton
- Flüssigglasuren in Dunkelbraun matt (Mantel, Hut), in Schwarz glänzend (Augen, Schuhe, Hirtenstab, Hutband), in Transparent (Umhang und Gewand), weiße Plusterglasur Snow (Bart, Haare und Schafwolle)

### *Anleitung*

Wir legen uns die Vorlage in der gewünschten Größe an. Im Original misst der Schäfer 16 cm, das große Schaf 5 cm und das kleine Schaf 3,5 cm. Dann schneiden wir die äußeren Konturen aus. Wir legen die Schablonen auf ein dünn ausgerolltes Stück Ton, schneiden die Konturen mit einem spitzen Messer oder einem Skalpell aus und zeichnen mit einem Schaschlikspieß auf der Schablone vorsichtig die Linien im Inneren der Schablone nach, sodass sie sich auf dem Ton abdrücken.

Die Nase des Schäfers haben wir gesondert als Kugel aufgesetzt, ebenso die Ohren der Schafe, die die Form eines Tropfens haben.

Die Augen des Schäfers und der Schafe wurden mit einem Kugelschreiber mit versenkter Mine eingedrückt. Mit einem dünnen Strohhalm bekommen Schafe und Schäfer am oberen Rand mittig ein Loch zum Aufhängen gestochen.

Wir legen Schafe und Schäfer zum Trocknen auf ein Metallregal oder ein altes Backblech, beschweren sie mit einem Frühstücksbrett oder Fliesen, damit sie schön flach und gerade bleiben. Nach dem Schrühen werden Schäfer und Schafe mit den angegebenen Flüssigglasuren zwei- bis dreimal eingepinselt. Das Gesicht und die Hände bleiben unglasiert. Die Augen erhalten einen Punkt mit schwarzer Glasur. Der Glasurbrand erfolgt bei 1050°.

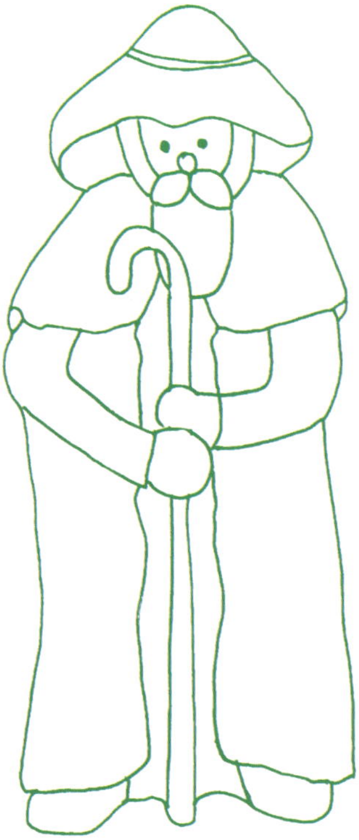

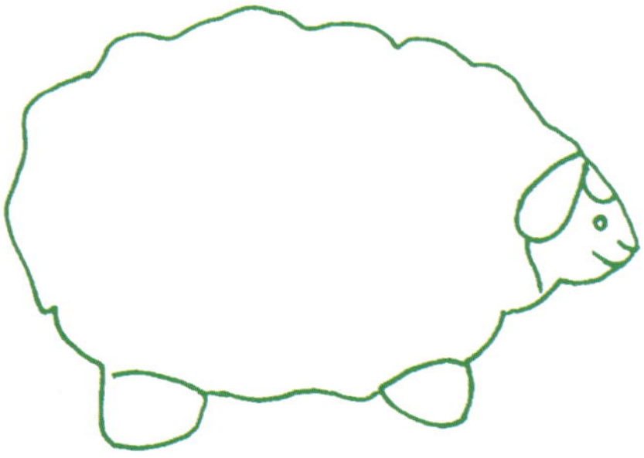

# Weihnachtsmann **

## *Material*

- dunkler Ton, kleine Menge weißer Ton (Augen)
- Flüssigglasuren in Dunkelrot (Mantel, Mütze und Nase), in Weiß glänzend (Bart, Bommel und Handschuhe), in Braun (Sack) und in Schwarz glänzend (Augen)

## *Anleitung*

Wir legen uns zu Beginn unsere Vorlage in der gewünschten Größe an. Das Original ist 26 cm hoch. Dann schneiden wir die äußeren Konturen aus.

Wir legen die Schablone auf ein nicht zu dünn ausgerolltes Stück Ton, schneiden die Konturen aus und zeichnen mit einem Schaschlikspieß auf der Schablone vorsichtig die Linien im Inneren der Schablone nach, sodass sie sich auf dem Ton abdrücken.

Die Handschuhe, der Sack, Augen und die Nase werden gesondert gearbeitet. Zuerst der Sack: Wir schneiden uns ein Stück Ton in Form eines Sackes aus (ca. 9 cm breit und 8 cm hoch), biegen den unteren Rand und die Seiten nach innen und setzen den Sack mit Schlicker auf den Weihnachtsmann auf. Von innen sollte der Rand etwas verstrichen werden. Man kann etwas Papier oder einen Strumpf hineinstopfen, damit der Ton nicht wieder zusammensackt. Der obere Rand des Sackes kann etwas nach außen gebogen werden.

Die Handschuhe schneiden wir ebenfalls aus einem Stückchen Ton aus und setzen sie mit Schlicker auf.

Die Nase ist eine kleine Kugel, die wir etwas abflachen, anritzen und auf das Gesicht aufschlickern.

Für die Augen brauchen wir zwei kleine weiße Tonkügelchen, die wir zwischen den Fingern flachdrücken und mit schwarzem Schlicker auf das Gesicht aufsetzen.

Wir legen den Weihnachtsmann zum Trocknen auf ein Metallregal oder ein altes Backblech, beschweren ihn an den Rändern mit einem Frühstücksbrett oder mit Fliesen (damit er schön flach und gerade bleibt). Nach dem Schrühen wird der Weihnachtsmann mit den angegebenen Flüssigglasuren zwei- bis dreimal eingepinselt. Das Gesicht und die Stiefel bleiben unglasiert. Die Augen erhalten einen Punkt mit schwarzer Glasur. Der Glasurbrand erfolgt bei 1050°.

*Tipp:* Der Weihnachtsmann kann schön als Adventskalender benutzt werden: Wir hängen ihn an die Wand und füllen jeden Tag im Dezember für einen netten Menschen eine Kleinigkeit in den Sack.
Natürlich kann man damit auch auf nette Art Geld verschenken.

# Die Plattentechnik

## Adventskranz **

### *Material*

- weißer Ton
- Flüssigglasur in Dunkelblau

### *Anleitung*

Zunächst kaufen wir uns im Bastelgeschäft oder Floristikhandel einen kleinen Styroporkranz von etwa 20 cm Durchmesser und überziehen diesen mit einem Nylonstrumpf.
In unsreem Haushalt fahnden wir nach einer Schale oder einem großen Teller von ca. 28 cm Durchmesser. In dieser Größe wird ein Kreis aus einem nicht zu dünn ausgerollten Stück Ton ausgeschnitten und auf dem Styroporkranz angedrückt. Für die Kerzenhalter schneiden wir uns vier Tonstreifen zu, die 13,5 cm lang und 3,5 cm hoch sein sollten. Diese Streifen formen wir zu Ringen. Unten an den Ringen schneiden wir je zwei kleine Bögen ein. Auf diese Weise wird gewährleistet, dass sich die Kerzenhalter gut an die Rundung des Kranzes anpassen (Skizze 1).
Die Kerzenhalter werden mit Schlicker auf den Kranz aufgesetzt und verstrichen, entweder gleichmäßig verteilt oder alle auf eine Seite. Man sollte lediglich aufpassen, dass sie nicht zu dicht aneinander stehen, damit sich die Kerzen später nicht gegenseitig erhitzen. Die Ränder der Kerzenhalter werden noch etwas nach außen gebogen. Nun können wir noch weihnachtliche Motive ausstechen oder ausschneiden. Wir haben kleine Kometen aufgesetzt, die man als Ausstechform kaufen oder mit Hilfe einer Schablone (Skizze 2) ausschneiden kann.
Schön sieht es auch aus, wenn wir eine Weihnachtssternblüte nachbilden. Dazu werden Blätter vom Weihnachtsstern mit den Adern nach unten in dünn ausgerollten Ton eingerollt und die Konturen ausgeschnitten. Diese Blätter werden dann kreisförmig in zwei Lagen aufgeschlickert. In der Mitte befestigt man noch einige kleine Kugeln. Der Kranz muss so lange auf dem Styroporring antrocknen, bis er sich nicht mehr verformt. Zur Not fönen wir den Ton noch etwas trocken. Aber Vorsicht! Bleibt er zu lange auf der Form, dann bilden sich Risse.
Nach dem Schrühbrand glasieren wir zwei- bis dreimal mit der angegebenen Glasur und brennen den Kranz bei 1050° oder höher.

*Skizze 1*

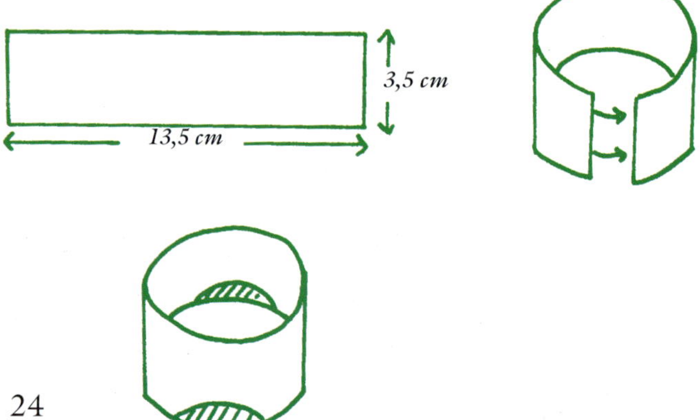


*Skizze 2*

# Stadtbild als Windlicht **

*Material*
- dunkler Ton
- Flüssigglasuren in glänzendem Blau, Rot, Grün und Gelb sowie Bronze (Rückseite)

*Anleitung*
Für dieses Windlicht benötigen wir zwei Platten, und zwar die Vorderansicht mit den Häusern und eine Bodenplatte.
Wir beginnen mit der Häuserfront. Zunächst erstellen wir uns eine Schablone, indem wir uns auf einem Kopiergerät die Vorlage (Skizze 1) auf die gewünschte Größe vergrößern. Mit einem Lineal kann man die Vorlage natürlich auch auf ein größeres Blatt Papier abzeichnen. Das Original ist etwa 29 cm breit und 21,5 cm hoch. Dann schneiden wir die äußeren Konturen aus.
Danach legen wir die Schablone auf ein nicht zu dünn ausgerolltes Stück Ton (mindestens 5 mm dick) und schneiden die Konturen aus. Die schraffierten Aussparungen drücken wir mit einem Schaschlikspieß von der Schablone auf den Ton durch.
Mit einem sehr spitzen Messer, oder noch besser mit einem Skalpell (Apotheke) werden nun die schraffierten Aussparungen vorsichtig ausgeschnitten. Das Ausschneiden funktioniert am besten, wenn der Ton schon ein wenig angetrocknet ist. Um die Aussparungen herum zeichnen wir uns nun im Abstand von etwa 3 mm Fenster- und Türrahmen auf. Auf den Kirchturm haben wir noch drei weitere Linien und ein Zickzack-Muster eingeritzt. Zwischen den Häusern wurde eine Linie gezogen, in die beiden äußeren Dächer wurden Vertiefungen mit einem Pinselstiel eingedrückt. Die Dächer der Kirche haben wir mit bogenförmigen Rillen versehen.
Die Platte lassen wir nun so lange an-

trocknen, bis sie sich beim Hochnehmen nicht mehr biegt. Wenn die Platte noch zu weich ist, bekommt man beim Aufsetzen auf die Bodenplatte Schwierigkeiten. Platten trocknen am besten, wenn sie zwischen zwei Lagen Zeitungspapier gelegt werden. Inzwischen fertigen wir die Bodenplatte an. Der Ton dafür sollte etwa so dick ausgerollt sein wie der der Häuserfront. Als Schablone schneiden wir in ein zweimal gefaltetes DIN-A-Blatt einen Bogen (Skizze 2) und falten das Blatt wieder

*Skizze 1*

auseinander. Wir erhalten eine Schablone in der abgebildeten ovalen Form.
Ist die Häuserfront ausreichend angetrocknet, versehen wir die untere Kante mit Schlicker.
Dann wird sie leicht gebogen und auf die Bodenplatte aufgesetzt.
Nun verstreichen wir die Naht vorsichtig. Innen setzen wir einen dünnen Wulst auf die Naht und verstreichen diese an der Bodenplatte und der Häuserfront. Mit einem kurzen, schmalen Borstenpinsel und etwas Wasser versäubern wir kleine Unebenheiten. Kleinere Tonkrümel lassen sich im getrockneten Zustand prima mit etwas Schmirgelpapier entfernen, wobei man aber sehr vorsichtig sein sollte.
Zum Trocknen stellen wir das Windlicht in ein Regal und stützen den Kirchturm von beiden Seiten mit einer Flasche oder einem ähnlich hohen Gegenstand ab.
Nach dem Trocknen und dem Schrühbrand haben wir die Tür und Fensterrahmen, die Dächer und die Muster mit den angegebenen Flüssigglasuren dreimal angepinselt. Die Rückseite haben wir mit einer Bronzeglasur versehen. Die Brenntemperatur liegt bei 1060°.

*Skizze 2*

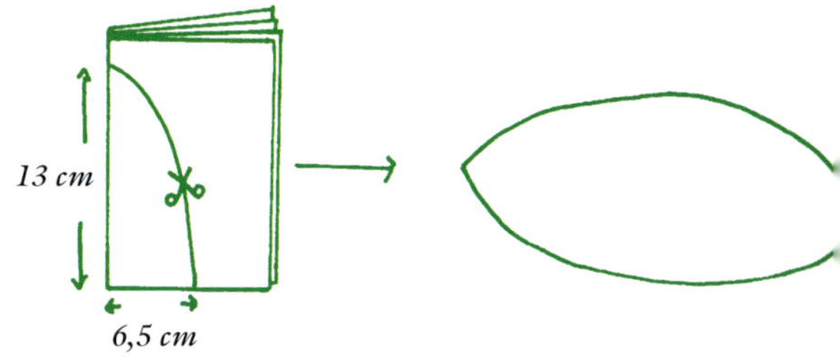

# Teelichthalter mit Weihnachtsstern **

In Verbindung mit einigen Tannenzweigen gibt dieser Teelichthalter eine sehr schöne Tischdekoration ab.

Skizze 1

## Material

- weißer Ton
- Flüssigglasur in Dunkelrot glänzend

Skizze 2

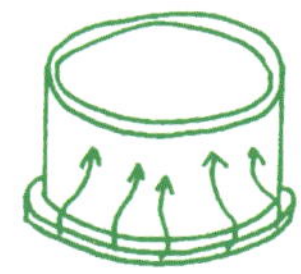

## Anleitung

Zunächst schneiden wir uns einen 18 cm langen und 2,5 cm hohen Streifen aus etwa ½ cm dick ausgerolltem Ton zu. Aus diesem Tonstreifen formen wir uns einen Ring (Skizze 1).
Diesen Ring setzen wir auf eine kleine Tonplatte und schneiden uns einen Kreis aus, der etwa 1 mm größer als der Durchmesser des Ringes ist. Mit einem Küchenmesser verstreichen wir diesen Millimeter an der Wand des Ringes (Skizze 2).
Nun pflücken wir uns ein paar Blätter von unserem Weihnachtsstern. Einige sollten ca. 6 cm lang sein, einige nur 2-3 cm. Mit den Adern nach unten rollen wir ein Blatt mit der Kuchenrolle in ein dünnes Stück Ton ein und schneiden die Konturen aus, am besten mit einem Skalpell. Dann ziehen wir das Blatt ab. Für den Teelichthalter benötigen wir je sechs größere und kleinere Blätter.
Die sechs größeren Blätter befestigen wir mit Schlicker rund um den Rand des Ringes herum und verstreichen sie vorsichtig nach innen. Die kleinen Blätter schlickern wir „auf Lücke“ auf den größeren an.
Nach dem Trocknen und dem Schrühbrand haben wir das Windlicht mit der angegebenen Flüssigglasur dreimal eingepinselt und bei 1050° gebrannt.

# Tee- oder Keksdose Weihnachtssternblüte ***

## *Material*

- weißer Ton
- Flüssigglasur in Dunkelgrün mit Effekten (Gefäß), in Blattgrün (unterer Blätterkranz), in Mittelrot (oberer Blätterkranz) und in Gelb (Staubgefäße)

## *Anleitung*

Zunächst suchen wir uns in unserem Haushalt eine geradwandige Röhrenform von ca. 9 cm Durchmesser (z.B. Versandrolle, Sektflasche oder ähnliches). Mit einem Bandmaß messen wir den genauen Umfang.
Bei unserer Form beträgt der Umfang 28,5 cm.
Wir schneiden uns aus nicht zu dünn ausgerolltem Ton einen Streifen zu, der 14,5 cm hoch sein sollte und 1-2 cm breiter als der Umfang unserer Form (Skizze 1).
Die Röhrenform wird mit einem Nylonstrumpf überzogen und dann mit dem Tonstreifen umwickelt. Die Naht verstreichen wir mit einem Messer. Der Ton muss unten mit der Röhrenform abschließen.
Den Boden schneiden wir aus einem ausgerollten Stück Ton zu. Dafür stellen wir die Röhre auf das Tonstück, schneiden mit einem Abstand von 1-2 mm die Form aus und verstreichen den überstehenden Ton mit einem Messer an der Wand der Tonröhre (Skizze 2).
Jetzt ziehen wir die Röhrenform aus dem Tongefäß heraus. Die Naht wird von innen etwas verstrichen.

Wenn die Tonröhre schön stabil ist, fertigen wir die Deckplatte nach dem gleichen Prinzip wie die Bodenplatte. Sollte das Gefäß noch sehr weich sein, muss die Deckplatte mit entsprechender Vorsicht verstrichen werden.
Für die Weihnachtssternblüte werden kleine Blätter vom Weihnachtsstern mit den Adern nach unten in dünn ausgerollten Ton eingerollt, dann wieder abgezogen und die Konturen ausgeschnitten.
Für die Blüte benötigen wir neun bis zehn Tonblätter, die wir kreisförmig in zwei bis drei Lagen aufschlickern. In der Mitte befestigt man noch einige kleine Kugeln als Staubgefäße.
Schließlich schneiden wir die Röhre noch

knapp unterhalb der Deckplatte zackenförmig auf. Dazu benötigen wir ein ganz spitzes, scharfes Messer oder ein Skalpell. Der Deckel wird erst abgenommen, wenn die Dose gut angetrocknet ist (nach ein bis zwei Tagen).

Vor dem Schrühbrand können Krümel an der Dosenöffnung ganz vorsichtig mit Schmirgelpapier beseitigt werden. Nach dem Schrühbrand glasieren wir die Dose zwei- bis dreimal mit den angegebenen Glasuren und brennen sie bei 1050° oder etwas höher.

*Skizze 1*

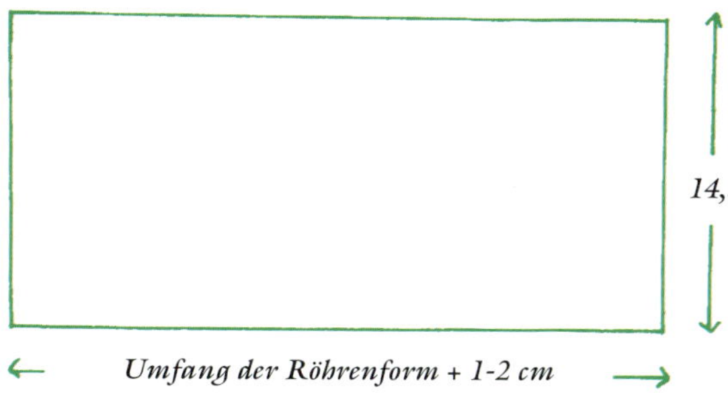


*Skizze 2*

# Kerzenwindlicht ✱✱✱

## *Material*

- weißer Ton
- Flüssigglasur in Stahlblau (bleifrei)

## *Anleitung*

Auf einem Kopiergerät vergrößern wir die Vorlage (Skizze 1) auf die gewünschte Größe. Das Original ist etwa 11 cm breit und 15 cm lang. Dann schneiden wir die äußeren Konturen aus. Mit einem Lineal und einer ruhigen Hand kann man die Grundform natürlich auch von der Vorlage abzeichnen.

Danach legen wir die Schablone auf ein nicht zu dünn ausgerolltes Stück Ton und schneiden die Konturen aus. Mit einem Schaschlikspieß zeichnen wir auf der Schablone vorsichtig die Linien der Kerze und Blätter im Inneren nach, sodass sie sich auf dem Ton abdrücken.

Mit einem sehr spitzen Messer oder noch besser mit einem Skalpell (Apotheke) schneiden wir die schraffierten Aussparungen vorsichtig aus. Das Ausschneiden funktioniert am besten, wenn der Ton schon ein wenig angetrocknet ist. Für das Windlicht brauchen wir vier Platten dieser Art, die wir nun so lange antrocknen lassen, bis sie sich nicht mehr biegen, wenn sie hochgenommen werden. Platten trocknen am besten, wenn sie zwischen zwei Lagen Zeitungspapier gelegt werden.

Inzwischen schneiden wir ein Rechteck als Boden aus, das 12 cm breit und 11 cm hoch sein sollte. Wenn das Windlicht ein anderes Maß haben soll als oben angegeben, muss man sich die Breite der Schablone abmessen. Der Boden wird dann ebenso breit, in der Länge wird 1 cm zugegeben.

Sind die Platten ausreichend angetrocknet, versehen wir die unteren Kanten mit Schlicker, bei zwei der Platten zusätzlich auch noch die seitlichen. Dann werden die Platten auf den Boden aufgesetzt, so wie in Skizze 2 beschrieben. Die Platten, bei denen wir die Seitenränder mit Schlicker versehen, werden auf die längere Seite aufgesetzt.

*Skizze 1*

Nun verstreichen wir alle Nähte vorsichtig. Innen fahren wir mit einem Pinsel mit Schlicker an den Nähten entlang. Mit einem kurzen, schmalen Borstenpinsel und etwas Wasser kann man kleine Unebenheiten gut versäubern. Mitunter bilden sich beim Ausschneiden kleine Tonkrümel, die man vom feuchten Ton schlecht beseitigen kann. Diese lassen sich im getrockneten Zustand prima mit etwas Schmirgelpapier entfernen, wobei man aber sehr vorsichtig vorgehen sollte.

Nach dem Trocknen und dem Schrühbrand haben wir das Windlicht mit der angegebenen Flüssigglasur dreimal eingepinselt und bei 1050° gebrannt.

*Skizze 2*

# Weihnachtsmann mit Rucksack ***

## *Material*

- dunkler Ton, etwas weißer Ton für Bart, Augen, Handschuhe und Bommel, Flüssigglasuren in Dunkelrot glänzend (Mantel, Mütze, Nase) sowie in Weiß glänzend (Handschuhe, Bart, Bommel)

## *Anleitung*

Zunächst müssen wir uns eine Schablone anfertigen, aus der wir eine Kegelform herstellen können. Dafür gibt es drei Möglichkeiten:
Auf einem Kopiergerät vergrößern wir die Vorlage (Skizze 1) auf die gewünschte Größe. Das Original hat eine Kantenlänge von 27 cm.
Mit einem großen Zirkel zeichnen wir einen Kreisausschnitt mit einem Radius von 27 cm. Dann nehmen wir uns ein Lineal und markieren auf der Kreislinie zwei Punkte, die 27 cm auseinander liegen. Diese Punkte verbinden wir mit dem Mittelpunkt und fertig ist die Schablone (Skizze 1). Problem: Die Schenkellänge normaler Zirkel reicht dazu nicht aus. Im Fachhandel gibt es spezielle Töpferzirkel, mit denen man gleich auf den Ton ritzen kann.
Man kann sich aber auch einen einfachen Zirkel basteln, indem man sich einen Faden von ca. 30 cm Länge nimmt. An eine Seite binden wir einen dünnen Nagel, an die andere einen Bleistift. Den Nagel stecken wir in ein Stück Papier, mit dem Bleistift zeichnen wir ein Stück Kreis, wobei der Faden natürlich schön stramm bleiben muss. Die übrigen Arbeitsschritte folgen wie oben beschrieben.
Danach legen wir die Schablone auf ein nicht zu dünn ausgerolltes Stück dunklen Ton und schneiden die Konturen aus.

*Skizze 1*

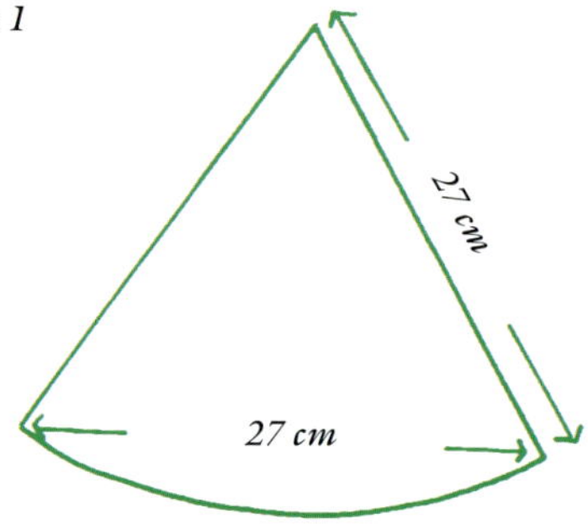


Zwischen zwei Lagen Zeitungspapier lassen wir den Kreisausschnitt zwei Stunden trocknen. Um die Wartezeit zu verkürzen, kann man mit einem Fön, einem Heißluftgerät oder mit dem Backofen nachhelfen.
Dann setzen wir die Form zu einem Kegel zusammen, indem wir die beiden geraden Seiten mit Schlicker versehen und aneinander fügen (Skizze 2). Die Naht wird sauber verstrichen, der Kegel wird auf die Öffnung gestellt.
Als nächstes arbeiten wir den Rucksack aus einem ausgerollten Stück Ton. Will man mehrere Weihnachtsmänner arbeiten, empfiehlt sich die Herstellung einer Schablone. Ansonsten zeichnen wir die entsprechende Form (Skizze 3) mit einem Lineal direkt auf den Ton und fügen

*Skizze 2*

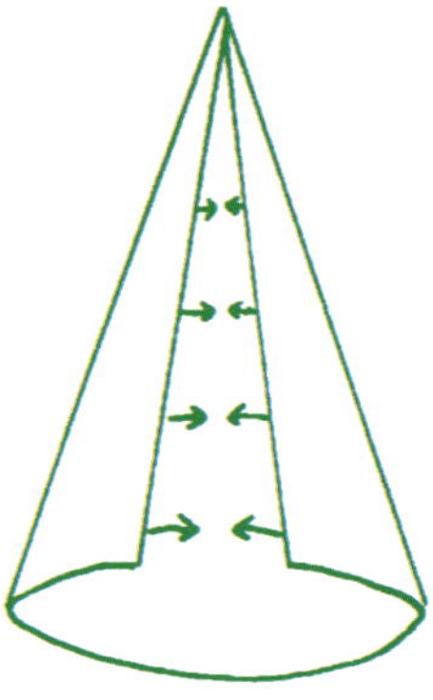

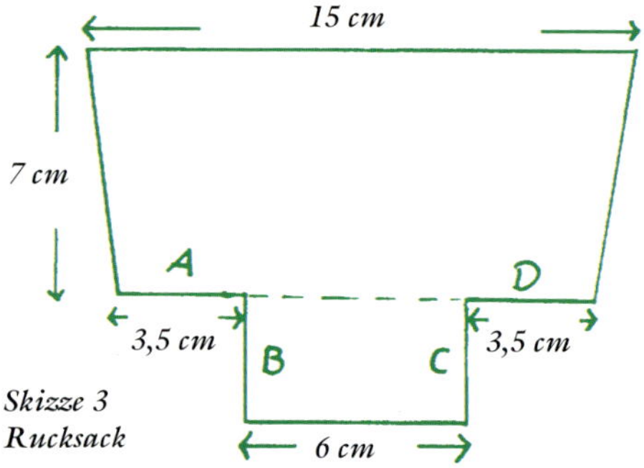

*Skizze 3*
*Rucksack*

Kante A mit Kante B und Kante C mit Kante D durch Verstreichen zusammen. Der Rucksack wird 4 bis 5 cm oberhalb des unteren Randes sorgfältig an den Kegel angarniert. Eventuell kann man eine Flasche oder einen anderen geeigneten Gegenstand dagegen stellen, damit der Rucksack nicht wieder abreißt.
Für die Arme formen wir zwei ca. 6 cm lange fingerdicke Wülste, die wir auf einer Seite etwas glattstreichen, etwas aufrauen und 2 cm links und rechts des Rucksacks, schräg nach unten verlaufend an den Kegel anschlickern. Die Handschuhe bestehen aus zwei bohnengroßen Kugeln, die etwas flachgedrückt werden. An diese streichen wir noch je einen kleinen Wulst als Daumen an. Dann setzen wir die Hände am Ende der Arme auf den Kegel mit Schlicker auf.
Für die Träger des Rucksacks schneiden wir dünne Tonstreifen aus, die wir am Kegel anschlickern, und zwar vom oberen Rand des Rucksacks bis zum Arm, eine

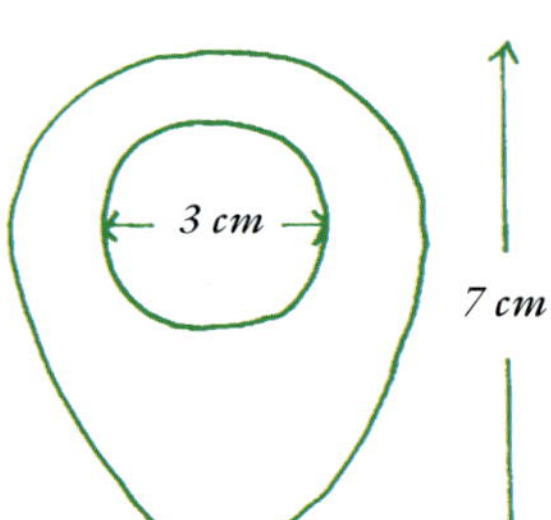

*Skizze 4*
*Bart*

weitere vom Arm zurück zur Mitte des Rucksacks.
Der Bart besteht aus einer eiförmigen Tonplatte, ca. 7 cm hoch, aus der wir einen Kreis von etwa 3 cm Durchmesser ausschneiden (Skizze 4). Der Bart wird mit Schlicker etwa 11 cm von der Spitze entfernt vorn auf dem Kegel angesetzt und mit einer Gabel aufgeraut. Die Augen bestehen aus zwei kleinen weißen Tonscheiben. Die Iris kann entweder mit noch kleineren schwarzen Tonscheiben aufgesetzt oder später mit schwarzer Glasur gemalt werden. Die Nase ist eine kleine, an einer Seite abgeflachte Kugel.

*Skizze 5 Mütze*

Für die Mütze benötigen wir eine ca. 12 cm lange dünne Wulst, die wir um den Kegel legen und nur nach oben hin verstreichen (Skizze 5). Eine kirschgroße Kugel aus weißem Ton ist der Bommel.
Nach dem Trocknen und dem Schrühbrand haben wir den Weihnachtsmann mit den angegebenen Flüssigglasuren dreimal eingepinselt. Das Gesicht bleibt unglasiert. Die Brenntemperatur liegt bei 1050°.

***Tipp:*** Diesen Weihnachtsmann kann man prima in verschiedenen Größen herstellen. Wenn er ganz klein ist, eignet sich der Rucksack als Kerzenhalter, oder man kann ihn benutzen, wenn man ein Geldgeschenk machen will.
Ein etwas größerer Weihnachtsmann (das Original ist 24 cm hoch) ist ein netter Dekorationsgegenstand.
Wenn man ihn ganz groß arbeitet und ein Gesteck in den Rucksack pflanzt, ersetzt er den weihnachtlich geschmückten Blumenkübel vor der Haustür.

# Tannenbaumwindlicht ✱✱✱

## *Material*

- weißer Ton
- Flüssigglasur in Flaschengrün mit weißen Kristalleffekten

## *Anleitung*

Mit Hilfe einer größeren Schüssel oder eines Tellers schneiden wir uns einen Kreis von mindestens 28 cm Durchmesser aus einer 4-5 mm dicken Tonplatte aus und halbieren diese mit einem Lineal oder einem anderen geraden Gegenstand. Aus jedem dieser Halbkreise kann ein Tannenbaum getöpfert werden.

Nachdem der Halbkreis zwischen Zeitungspapier eine bis zwei Stunden angetrocknet ist, formen wir daraus eine Tüte (Skizze 1).

Der Boden besteht aus einem Kreis, der einen Durchmesser von 14-15 cm hat. Auf diesem Kreis stellen wir die Öffnung der Tüte. Der Boden sollte so groß sein, dass er etwa 1 mm übersteht. Vorsichtig fassen wir mit dem Messer unter den Boden und verstreichen den überstehenden Ton an der Tüte, als wenn wir Butter auf ein Brot streichen. Die Tüte sollte soweit angetrocknet sein, dass sie sich dabei nicht mehr verformt.

Nun nehmen wir uns ein scharfes Schneidwerkzeug mit spitz zulaufender Klinge (am besten ein Skalpell), mit dem wir viele etwa 1 cm breite Bögen in die Tüte schneiden. Diese Bögen werden mit dem Skalpell etwas nach außen gedrückt. Diese Arbeit erfordert etwas Geschick und Geduld. Je enger die Bögen aneinander liegen, desto schwieriger gestaltet sich die Angelegenheit. Es ist ratsam, das „Bogenschneiden" zuvor an einem Stück Ton einige Male zu üben.

An einer Seite des Tannenbaums schneiden wir noch eine Öffnung für das Teelicht ein, und zwar in der Form eines Torbogens von 7 cm Breite und 6 cm Höhe. Nun haben wir noch Gelegenheit, einige Bögen, die wir vorher nicht richtig „erwischt" haben, mit dem Finger oder einem langstieligen Gegenstand nach außen zu biegen. Mit einem schmalen, kurzhaarigen Borstenpinsel und etwas Wasser können wir die Bögen an den Kanten noch etwas glätten.

Schließlich haben wir noch einen kleinen Stern ausgestochen, den wir oben am Tannenbaum befestigt haben.

Nach dem Schrühbrand werden die Tannenbäume mit einer grünen Kristallglasur bemalt, wobei wir die Kristalle, die sich in Form von Steinchen in der Glasur befinden, möglichst auf die Bögen gesetzt werden. Die Bäume werden bei 1050° gebrannt.

*Skizze 1*

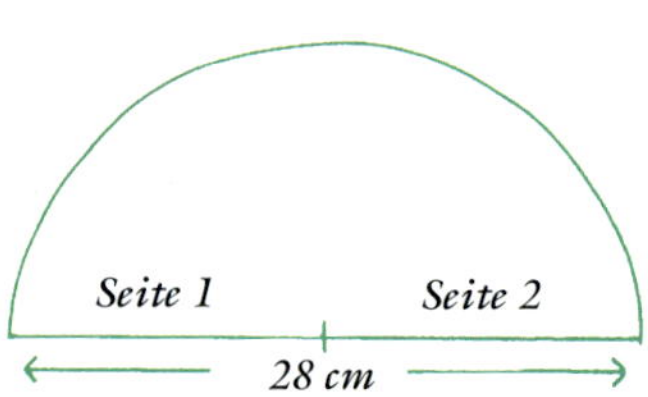


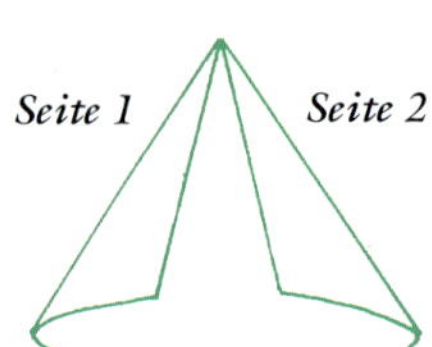

# Hirte mit Schafen ***

## *Material*

- weißer, roter und dunkler Ton
- Flüssigglasuren in Dunkelbraun matt (Mantel) und in Schwarz glänzend (Augen und Hirtenstab)

## *Anleitung*

Der Körper des Hirten wird aus einem Kegel hergestellt. Dazu benötigen wir eine Schablone von einem Kreisausschnitt. Das Original wurde mit einer Schablone gefertigt, deren Kanten 21 cm lang sind und die an der breitesten Stelle 21 cm breit ist (Skizze 1). Auf welche Weise man eine solche Schablone herstellen kann, ist beim „Weihnachtsmann mit Rucksack“ (Seite 34) ausführlich beschrieben. Als nächstes arbeiten wir den Kopf, der aus einer walnussgroßen Kugel aus rotem Ton besteht, die wir in der Mitte durchschneiden, etwas aushöhlen, wieder zusammensetzen und die Naht gut verstreichen. Dort, wo das Gesicht entstehen soll, flachen wir die Kugel etwas ab. Unten muss in den Kopf ein Loch gebohrt werden, z.B. mit einem dicken Strohhalm, damit sich die Luft beim Brennen ausdehnen kann. Der Kopf wird auf den Kegel aufgesetzt und sorgfältig verstrichen.

Um den Mantel anzudeuten, formen wir uns zwei lange Wülste aus dunklem Ton, die wir unten am Kegel in einem Abstand von ca. 4 cm ansetzen und dann schräg nach oben verlaufen lassen, sodass sie sich am Hals treffen. Die Wülste werden mit einem Modellierhölzchen einseitig in die angegebene Richtung verstrichen (Skizze 1). Für die Arme formen wir ebenfalls aus dunklem Ton zwei ca. 6 cm lange, etwa fingerdicke Wülste, die wir etwas biegen, auf einer Seite glattstreichen und unten gerade abschneiden. Die Arme werden an der abgeflachten Seite etwas aufgeraut, mit Schlicker versehen und oben am Körper angebracht. Die Arme sollen anliegen und ein wenig versetzt, mit einem Abstand von ca. 2 cm in der Körpermitte ankommen (Skizze 2). Die Hände werden erst zum Schluss geformt und angebracht.

*Skizze 1*

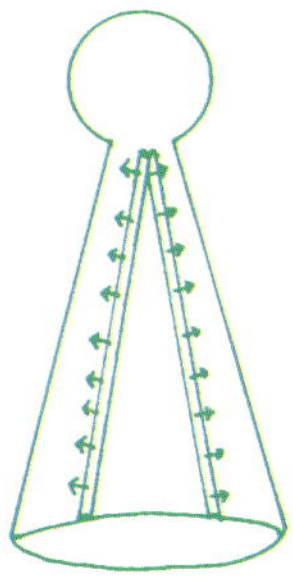

*Skizze 2*

Der Umhang besteht aus einem Halbkreis von ca. 10 cm Durchmesser, aus dem wir in der Mitte einen weiteren, kleinen Halbkreis ausschneiden (Skizze 3). Diese Form legen wir oben um den Kegel, sodass die Oberarme davon überdeckt werden. Vorn bleibt der Umhang ein Stückchen geöffnet.

Für den Bart schneiden wir uns zwei Teile aus einer kleinen weißen Tonplatte aus: Einen „Torbogen“, der ca. 4 cm breit und 3 cm hoch sein sollte, und eine „Mondsichel“ gleicher Breite. Zuerst wird der „Torbogen“ mit der Rundung nach unten auf dem unteren Drittel des

*Skizze 3*

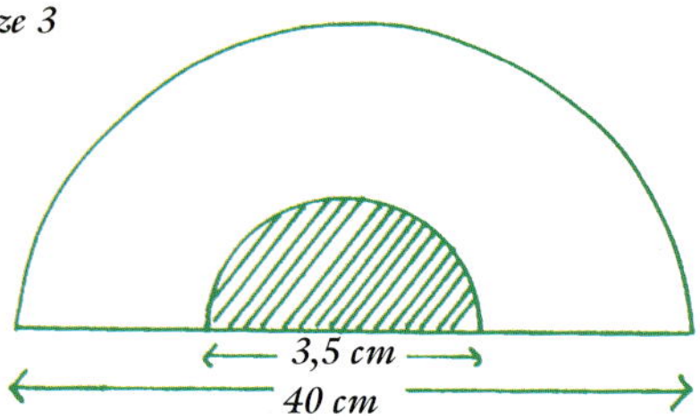


Kopfes mit Schlicker angesetzt, die „Mondsichel“ wird darüber angeschlickert, wobei die Spitzen nach unten zeigen. Als nächstes formen wir einen kleinen Tropfen aus rotem Ton als Nase. Dieser wird mit der Spitze nach oben über dem Bart angesetzt und nach oben verstrichen. Die Augen werden mit einem Großraumkugelschreiber, bei dem die Mine versenkt wird, tief eingedrückt. Nun die Haare: Dazu holen wir uns mit einem Pinsel oder einem Messer dicken weißen Schlicker aus einem Schlickergefäß und verteilen diesen um das Gesicht, auf dem Kopf und auch auf dem Bart (Skizze 4). Der Hut besteht aus einem dunklen Tonkreis von ca. 8 cm Durchmesser (Wasserglasgröße). Wir setzen den Hut auf den Kopf und biegen die Ränder wie bei einem Schlapphut.

*Skizze 4*

Der Hirtenstab ist eine längere Wulst, die am oberen Ende etwas eingerollt wird. Wir setzen den Stab etwas schräg zwischen den Armen verlaufend auf den Kegel auf, wobei das eingerollte Ende schon über dem Bart liegen kann.
Erst jetzt bringen wir die Hände (aus rotem Ton) an, die aus zwei bohnenförmigen, etwas flachgedrückten Stücken bestehen. Ein kleiner Wulst wird als Daumen an die Hand angestrichen. Am Ende der Arme werden die Hände mit Schlicker aufgesetzt. Man kann noch eine dünne Wulst am Ende der Arme aufsetzen und vorsichtig Richtung Schulter verstreichen.

Für die Schafe benutzen wir dunklen Ton. Das kleine Schaf hat einen Körper in der Größe einer Walnuss, der unten etwas flachgedrückt wird. Der Kopf besteht aus einem kleinen ebenfalls unten abgeflachten Ei (etwa so groß, wie die kleinen Schokoladenostereier). Für die Ohren benötigen wir zwei erbsengroße flache Tropfen. Der Kopf wird relativ weit oben auf dem Körper angeschlickert. Die Ohren werden seitwärts am Kopf angestrichen. Die Augen werden mit einem Kugelschreiber eingedrückt. Mit einer Nadel oder einem Schaschlikspieß ritzen wir noch zwei schräge Nasenlöcher und einen kleinen Mund ein. Für das Fell tragen wir dicken weißen Schlicker auf den Körper und oben auf dem Kopf auf (Skizze 5).
Das größere Schaf wird genauso gearbeitet, wobei der Körper die Größe einer Pflaume hat. Der Kopf ist kaum größer als bei den kleinen Schafen.
Damit die Schafe besser trocknen, sollten die Körper von unten mehrmals mit einer Nadel eingestochen werden.
Nach dem Trocknen und dem Schrühbrand haben wir den Hirten wie oben angegeben glasiert. Der Hut, der Bart, die Hände, Haare und Gesicht bleiben unglasiert, ebenso wie die Schafe. Die Brenntemperatur liegt bei 1070°.

*Skizze 5*

# Die Kugeltechnik

Für die Herstellung von Tonkugeln bieten sich nach unserer Ansicht zwei Techniken an:

**1.** Wir formen uns eine Kugel aus Ton, schneiden sie in zwei Hälften, höhlen das Innenleben mit einem geeigneten Werkzeug (Löffel oder Modellierschlinge) bis zu einer Wandstärke von ca. 1 cm aus, setzen die Hälften mit Schlicker wieder zusammen, verstreichen die Naht und glätten alles mit dem Messer. Mit einer Holzlatte können wir noch klopfen, bis die Kugel die gewünschte Rundung erreicht hat. Diese Technik ist unseres Erachtens gut für kleinere Kugeln geeignet.

**2.** Die zweite Technik, die wir hier detailliert beschreiben möchten, wird mit Hilfe von Styroporkugeln oder Bällen durchgeführt. Mit ihr kann man recht dünnwandige, sehr gleichmäßige Kugelformen herstellen.

Wir beschreiben diese Technik am Beispiel zweier Styroporhalbkugeln mit einem Durchmesser von 15 cm (Umfang 48 cm), die wir im Bastelhandel gekauft haben. Über diese haben wir einen Nylonstrumpf gezogen, damit sich die Tonkreise, die wir anschließend darauf andrücken, wieder gut ablösen.

Wir rollen den Ton zu einer nicht zu dünnen Platte (ca. 4 mm stark) aus. Aus der Tonplatte schneiden wir zwei Kreise von 20 cm Durchmesser aus (das ist in etwa die Größe eines Frühstückstellers).

Die Tonkreise werden auf die Halbkugeln gelegt und dann fest angedrückt. Die Tonkreise sollten nicht gezogen oder angestrichen werden. Einfach langsam fest andrücken, dann vermeidet man Falten und dünne Stellen. Mit einem Messer streicht man die Tonhalbkugeln vom Rand her noch einmal schön glatt, bis sie gut an den Styroporhalbkugeln anliegen. Der Tonkreis passt übrigens nicht ganz auf die Halbkugel, sondern ist etwas kleiner (Skizze 1).

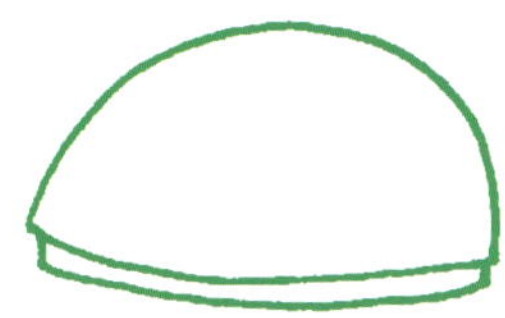

*Skizze 1*

Wenn jemand Bälle oder Kugeln in einer anderen Größe benutzen möchte, muss zunächst der Umfang der Kugelform gemessen werden, die man verwenden möchte. Diese Länge teilen wir durch zwei und ziehen - je nach Kugelgröße - noch zwei bis vier Zentimeter ab. Diese Zahl ist dann der Durchmesser der Tonplatten, die wir für diese Technik ausschneiden müssen.

Die Halbkugeln lassen wir nun auf der Styroporform ca. 1 Stunde an einem warmen Ort oder draußen im Wind antrocknen, bis sie sich nicht mehr von selbst verformen. Größere Halbkugeln müssen länger trocknen. Man kann den Trocknungsvorgang mit einem Fön, einem Heißluftgerät oder einem Mikrowellengerät (ca. 15 Sekunden pro Halbkugel bei voller Leistung. Bitte ausprobieren!) beschleunigen.

*Skizze 2*

Nun entfernen wir die Tonhalbkugeln von den Styroporkugeln und streichen die Ränder mit dem Messer gerade und schneiden eventuell entstandene Unebenheiten ab, sodass unsere Tonhalbkugeln einen glatten breiten Rand haben, den wir mit reichlich Schlicker versehen (Skizze 2).
Die beiden Hälften werden aufeinandergesetzt. Mit der Gabel rauen wir die Ränder auf und verbinden damit beide Tonhalbkugeln (Skizze 3). Danach

*Skizze 3*

streichen wir mit dem Messer die Ränder glatt, sodass die Kugel geschlossen ist. Mit einer Holzlatte, einem Holzlineal oder einem hölzernen Bratenwender klopfen wir nun vorsichtig und mit Geduld auf die Naht und dann auf alle Seiten, bis eine schöne runde Kugel entstanden ist. Je größer die Kugel ist, desto länger dauert dieser Vorgang.
Mit dem Messer wird die Kugel zwischendurch immer mal wieder geglättet. Wenn sie die gewünschte Rundung erreicht hat, streichen wir nochmals alles schön glatt. Falls sich dabei Risse an der Oberfläche zeigen, können wir diese mit ein bisschen Ton oder Schlicker schließen. Selbst größere Dellen lassen sich so beseitigen. Kleinere Unebenheiten kann man natürlich auch kaschieren, indem man sie z.B. als Standfläche benutzt. Eine solche Kugel bildet die Grundform für die im folgenden beschriebenen Figuren und Gefäße.

**Und nicht vergessen:** Jede Kugel muss eine Öffnung bekommen, und wenn es nur eine ganz kleine ist. Sie platzt sonst beim Brennen, weil sich die Luft im Inneren bei der Wärme ausdehnt und nicht entweichen kann.

Die Kugeltechnik erfordert ein bisschen Übung. Kleinere Kugeln lassen sich erheblich leichter herstellen als große und je dicker der Ton ist, desto leichter ist es, die Halbkugeln zusammenzusetzen. Sie sollten diese Technik unbedingt ausprobieren, denn aus Kugeln kann man wunderbare Dinge herstellen: Vasen und Schalen, Dosen, Tiere und Figuren und zahlreiche andere Dekorations- und Gebrauchsgegenstände.

# Dekokugel mit Weihnachtssternblüte **

## *Material*

- roter Ton
- Flüssigglasur in Oliv (Kugel), in Mittelrot glänzend (Blütenblätter) und in Gelb glänzend (Staubgefäße)

## *Anleitung*

Die Dekokugel wurde mit Hilfe zweier Styroporkugeln (Durchmesser ca. 10 cm, Umfang ca. 30 cm) hergestellt. Wir stellen die Styroporkugeln auf Gläser, damit sie nicht wegrollen. Als Maß für den Tonkreis, den wir darüber legen, benutzen wir z.B einen Teller von etwa 14 cm Durchmesser. Ansonsten arbeiten wir weiter, wie wir es in der Grundanleitung „Kugeltechnik" beschrieben haben.

Nun arbeiten wir eine Weihnachtssternblüte. Dazu rupfen wir einige Blätter unterschiedlicher Form und Größe von unserem Weihnachtsstern ab und rollen diese mit den Adern nach unten in dünn ausgerolltem Ton ein. Dann werden die Konturen ausgeschnitten und die Blätter wieder abgezogen. Wenn das vorsichtig geschieht, kann ein Blatt mehrmals benutzt und unser Weihnachtsstern geschont werden. Wir haben 8 Tonblätter ausgeschnitten und diese in drei Lagen kreisförmig auf die Kugel aufgeschlickert. In der Mitte befestigt man noch einige kleine Kugeln als Staubgefäße.

Mit einem dicken Strohhalm bohren wir noch ein Loch zum Aufhängen oben in die Kugel, die wir nach dem Schrühbrand in der angegebenen Weise zwei bis dreimal glasiert und dann bei 1050° oder etwas höher gebrannt haben.

# Lichterkugel mit Sternen **

## *Material*

- weißer Ton
- Flüssigglasur in Royalblau

## *Anleitung*

Die Lichterkugel wurde mit Hilfe zweier Styroporkugeln (Durchmesser ca. 10 cm, Umfang ca. 30 cm) hergestellt. Wir stellen die Kugeln auf Gläser, damit sie nicht wegrollen. Als Maß für den Tonkreis, den wir darüber legen, benutzen wir z.B. einen Teller von etwa 14 cm Durchmesser. Ansonsten arbeiten wir weiter, wie wir es in der Grundanleitung „Kugeltechnik“ (S. 42) beschrieben haben. Kugeln in dieser Größe sind einfach herzustellen, weil sie schnell antrocknen. Außerdem lassen sich die Tonkreise leicht und „abnäherfrei“ auf den Kugeln andrücken. Die Kugel sollte etwas angetrocknet sein, ehe wir weiterarbeiten. Zuerst werden die Sterne aus dem oberen Teil ausgeschnitten oder ausgestochen, sofern wir über eine kleine Stern-Ausstechform verfügen. Man kann sich auch auf einfachem Weg mit Hilfe zweier gleichseitiger Dreiecke eine Schablone anfertigen (Skizze 1). Es sieht auch schön aus, wenn wir mit dicken Strohhalmen zusätzlich Löcher ausstechen.
Aus einem dünn ausgerollten Stück Ton schneiden oder stechen wir noch acht weitere Sterne aus, die wir auf die Kugel aufschlickern und gut andrücken. Man kann natürlich auch die vorhandenen Sterne benutzen, die wir zuvor aus der Kugel ausgeschnitten haben.
Schließlich wird unten eine runde Öffnung von ca. 6 cm Durchmesser mit einem spitzen Messer oder einem Skalpell ausgeschnitten. Diesen Ausschnitt zeichnen wir uns zunächst mit Hilfe eines Wasserglases oder eines anderen geeigneten Gegenstandes an.
Die Kugel haben wir in der angegebenen Weise dreimal glasiert, auch von innen. Der Glasurbrand erfolgt bei 1050° oder etwas höher.

# Dekokugel mit Kerzen ***

### *Material*

- weißer Ton
- Flüssigglasuren in hellem Beige mit braunen Punkten und in Mittelblau

### *Anleitung*

Die Dekokugel wurde aus einer Tonkugel gearbeitet, die wir mit Hilfe von zwei Styroporhalbkugeln (Durchmesser von 15 cm, Umfang 48 cm) hergestellt haben (siehe Seite 42 „Kugeltechnik“).

Nun stellen wir mit einem Stück Papier eine kleine Schablone in Form einer brennenden Kerze her (Skizze 1).

Diese Schablone legen wir vorn und hinten je viermal an die Kugel, zeichnen mit einem spitzen Gegenstand die Konturen auf den Ton und schneiden die acht Kerzen mit einem Skalpell aus. Oben wird die Kugel mit einem Loch versehen, sodass man sie später aufhängen kann.

Nach dem Trocknen können kleine Unebenheiten noch mit Schmirgelpapier vorsichtig entfernt werden.

Die Kugel wird geschrüht und zwei- bis dreimal rundherum mit der beigefarbenen Glasur bemalt. Die Konturen der Kerzen werden zusätzlich mit einer mittelblauen, laufenden Glasur versehen.

Man benötigt einen Metallfuß, oder besser noch, einen Glockenständer, auf dem die Kugel während des Brennens gelagert

wird. Beides kann im Fachhandel erworben werden. Die Brenntemperatur liegt wiederum bei 1050°.
Die Kugel sieht besonders schön aus, wenn sie mit Schleifen und/oder mit Tanne dekoriert wird. Die Aufhängung funktioniert übrigens nach dem Prinzip des „Ostereieraufhängens“: Um einen kleinen Nagel knoten wir ein Schleifenband. Der Nagel wird durch die obere Öffnung in die Kugel gesteckt und stellt sich dann quer.

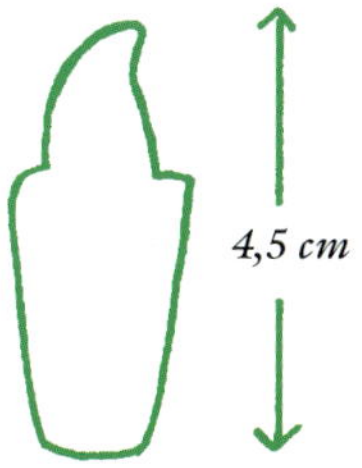


# Lichterkugel mit Landschaft ***

## Material

- dunkler Ton
- Flüssigglasuren in Dunkelblau (Himmel und Teller), in Beige mit bunten Sprenkeln (Hügel), in Hellgrün mit Sprenkeln (Bäume, unterste Bodenwelle), in Dunkelgrün (zweite Bodenwelle), in Rot (Dächer), in Gelb (Fenster), in Weiß (Häuser, Schnee) und in Transparent (Baumstämme)

## Anleitung

Die Lichterkugel wurde mit Hilfe zweier Styroporhalbkugeln (Durchmesser von 15 cm, Umfang 48 cm) hergestellt (siehe Seite 42 „Kugeltechnik").

Die Kugel sollte etwas angetrocknet sein, ehe wir weiterarbeiten. Zuerst werden die Sterne und eine Mondsichel (Skizze 1) aus dem oberen Teil ausgeschnitten. Hilfreich ist dabei eine kleine, fünfzackige Stern-Ausstechform. Man kann die Sterne aber auch freihand ausschneiden oder durch viele kleine Löcher darstellen, die wir mit einem dünneren und einem dickeren Strohhalm bohren.

Dann zeichnen wir mit einem Schaschlikspieß oder einem Kugelschreiber die Motive rund um die Kugel (Skizze 1), und zwar in folgender Reihenfolge: Zuerst die Bäume, dann die „Wellen", dann die Häuser.

Schließlich wird unten eine runde Öffnung (8 bis 10 cm Durchmesser) mit einem spitzen Messer oder einem Skalpell ausgeschnitten. Diesen Ausschnitt zeichnen wir uns zunächst mit Hilfe eines geeigneten Gegenstandes an.

Aus einem ausgerollten Stück Ton schneiden wir schließlich noch einen Teller aus, der im Durchmesser zwei bis drei Zentimeter größer sein sollte als der Bodenausschnitt.

Vor dem Schrühbrand werden kleine Unebenheiten und Tonkrümel etwas abgeschmirgelt.

Kugel und Teller haben wir in der angegebenen Weise glasiert. Die Hügel der hinteren Bergkette bleiben unglasiert, ebenso wie das Innere der Kugel. Bitte überprüfen Sie, ob Ihre Glasuren auch auf dunklem Ton die gewünschte Farbwirkung erzielen. Der Glasurbrand erfolgt bei 1050° oder etwas höher.

*Tipp:* Das Landschaftsmotiv sieht auch schön aus, wenn man es auf einer Kugel- oder Röhrenvase verwendet. Auf eine Platte gezeichnet, kann man daraus auch eine Uhr oder ein Bild herstellen.

*Skizze 1*

# Winterlandschaft ***

## *Material*

- weißer Ton
- Flüssigglasuren in Flaschengrün glänzend (Bäume), in Weiß glänzend (Schneemann), in Dunkelbraun matt (Hase), in Bronze (Kerzenhalter, Stern), in Schwarz glänzend (Hut, Augen und Knöpfe des Schneemanns), etwas Gelb (Nase) sowie weiße Plusterglasur (Snow) für die Bodenplatte

## *Anleitung*

Für die Bodenplatte rollen wir uns eine Tonplatte von einem halben Zentimeter Dicke aus und schneiden uns eine Form zu, die ungefähr einer Wolke entspricht (Skizze 1). Eine Vorlage für den großen flachen Tannenbaum erstellen wir uns selbst, indem wir ein DIN-A4-Blatt einmal falten. Auf dieses gefaltete Blatt zeichnen wir uns einen halben Weihnachtsbaum mit drei oder vier Bögen, ca. 13 bis 14 cm hoch sollte er sein. Der erste

***Skizze 1 Bodenplatte***

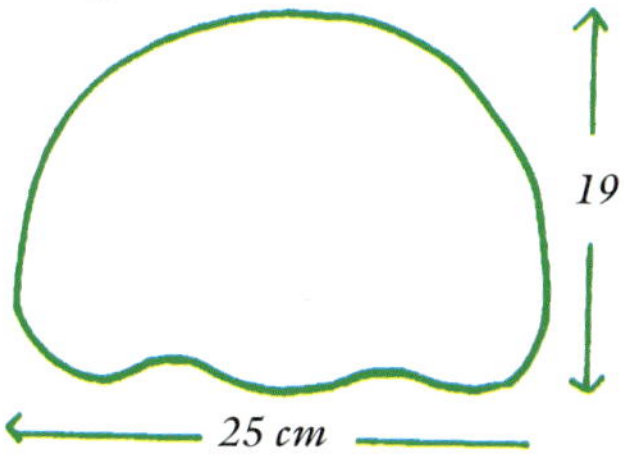

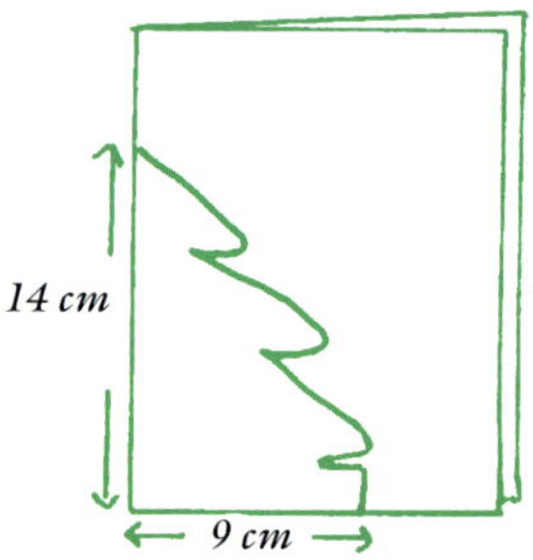


*Skizze 2 Baum*

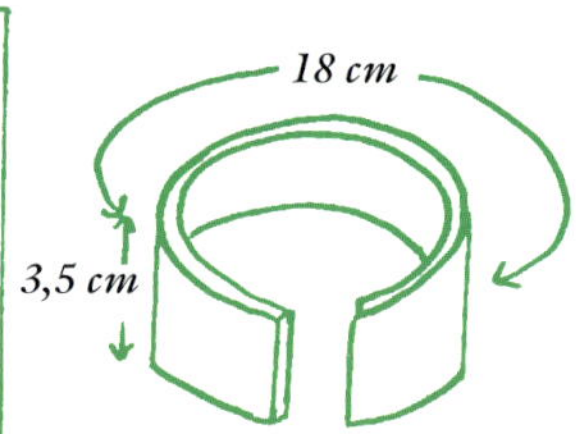


*Skizze 3 Teelichthalter*

Bogen beginnt 4 cm über dem unteren Rand, damit man eine ausreichend große Standfläche bekommt.
Wir schneiden den halben Tannenbaum aus und falten das DIN-A4-Blatt wieder auseinander (Skizze 2) und legen die Schablone auf ein ca. ½ cm dick ausgerolltes Stück weißen Ton und schneiden die Konturen aus.
Zwei kleinere flache Tannenbäume, die ca. 11 cm hoch sind, schneiden wir ebenfalls aus einer Tonplatte aus. Eine Schablone können wir uns nach dem beschriebenen Prinzip anfertigen. Wir lassen die Tannenbäume eine Weile antrocknen und fahren fort mit dem Teelichthalter. Wir schneiden uns einen 18 cm langen und 3,5 cm hohen Streifen aus etwa ½ cm dick ausgerolltem Ton zu. Aus diesem Tonstreifen formen wir uns einen Ring (Skizze 3), den wir auf der Bodenplatte anschlickern und verstreichen. Den oberen Rand biegen wir vorsichtig nach außen.
Der Schneemann besteht aus zwei walnussgroßen und einer kirschgroßen Kugel, die wir mit Schlicker versehen und übereinander setzen. Zuvor sollten wir die Kugeln an den Berührungsstellen noch etwas abflachen, indem wir eine kleine Scheibe abschneiden. Die Arme bestehen aus zwei dünnen Wülsten, der Hut wird aus dunklem Ton aus einer kleinen Scheibe geformt. Die Nase ist eine kleine Wulst, die Knöpfe sind kleine Halbkugeln. Die Augen drücken wir mit einem Kugelschreiber mit versenkter Mine ein. Der kleine Hase besteht aus einem kirschgroßen Ei und einer erbsengroßen Kugel, die wir aufeinander setzen. Die Nase und der Schwanz sind winzige Kugeln. Die Ohren bestehen aus zwei dünnen abgeflachten Wülsten von ca. 1 cm Länge, die wir hinten am Kopf anstreichen. Die Augen werden mit einem spitzen Gegenstand eingedrückt (Skizze 4).

*Skizze 4*

Für die kleinen Bäume benötigen wir „Blumen“ in drei verschiedenen Größen. Man kann sich ganz einfach Schablonen dafür herstellen. Dazu knicken wir je ein kleines quadratisches Stückchen Papier, zweimal gerade und einmal diagonal, sodass ein Dreieck entsteht. Nun schneiden wir einen Bogen in dieses geknickte Blatt, und zwar, je nach Blumengröße, zwei, drei oder vier Zentimeter von der Ecke entfernt. Wenn wir das Blatt wieder auffalten, haben wir die gewünschte Blume (Skizze 5).

Dann rollen wir Ton dünn aus und schneiden uns von jeder Größe eine Blume zu, die wir wiederum halbieren. Aus den sechs Hälften formen wir uns Tüten. Je drei Tüten werden mit Schlicker übereinander gesetzt, und schon haben wir zwei Tannenbäume (Skizze 6).

Erst jetzt setzen wir die flachen Tannenbäume an dem nicht gewellten Rand der

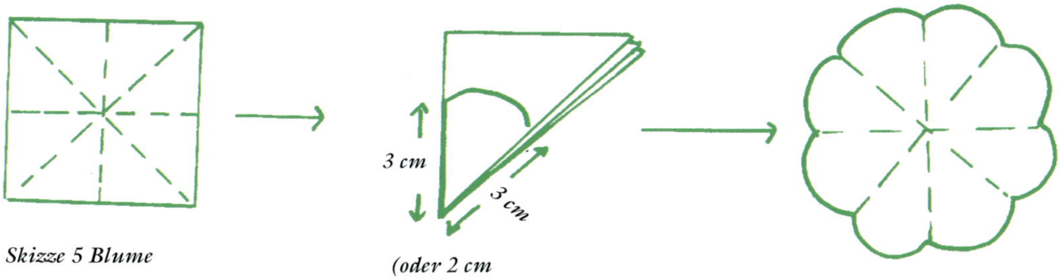


*Skizze 5 Blume*

*Skizze 6*

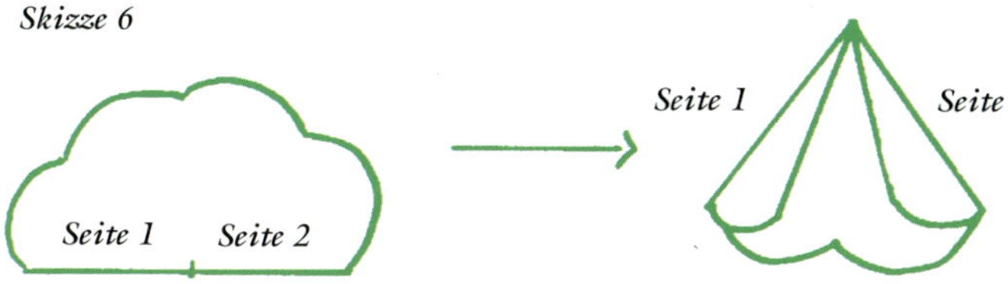


Bodenplatte mit Schlicker auf. Dazu muss die Standfläche schön gerade sein, die Bäume werden der Krümmung der Bodenplatte entsprechend gebogen. Der große Baum kann allein stehen, die beiden kleineren stehen versetzt hintereinander.
Um zu gewährleisten, dass die Bäume nicht umfallen, verstärken wir die Ecke zwischen den Bäumen und der Bodenplatte durch kleine Wülste, die wir gut verstreichen. Oben an dem großen Tannenbaum haben wir noch einen Kometen (Ausstechform) mit Schlicker aufgesetzt.
Die runden Tannenbäume, den Schneemann und das Häschen setzen wir noch nicht auf. Das passiert erst beim Glasurbrand, weil wir uns dadurch das Glasieren erheblich erleichtern.

Nach dem Trocknen und Schrühen werden alle Teile mit den angegebenen Glasuren zwei- bis dreimal angepinselt. Der Schneemann, der Hase und die Bäume werden auch unterwärts glasiert und vor dem Glasurbrand, der bei 1050° abläuft, an die gewünschten Stellen der Bodenplatte platziert.

# Schale mit Weihnachtsmännern ✱✱✱✱

## *Material*

- roter Ton, weißer Ton für die Bärte und Augen
- Flüssigglasuren in Mittelrot glänzend (Mäntel, Mützen, Nasen), in Weiß glänzend (Bärte), in Schwarz glänzend (Augen) sowie Transparent glänzend für den Innenbereich

## *Anleitung*

Diese Schale ist eigentlich nicht schwierig herzustellen, allerdings erfordert sie ein wenig Geduld. Die Grundform ist wieder eine Kugel, die wir mit Hilfe von zwei Styroporhalbkugeln von ca. 20 cm Durchmesser hergestellt haben. Die Tonkreise aus rotem Ton, die wir darüber breiten, sollten einen Durchmesser von ca. 28 cm (z.B. eine Salatschüssel) haben und nicht zu dünn sein.

Ansonsten arbeiten wir wie in der Grundanleitung „Kugeltechnik" beschrieben weiter.

Nach der Fertigstellung lassen wir die Kugel gut antrocknen. Sie sollte so fest sein, dass sie sich nicht mehr verformt, wenn wir daran arbeiten. Am besten wäre es, die Kugel vor dem Weiterarbeiten einen Tag unter einer Folie antrocknen zu lassen.

*Skizze 1*
*Körper*

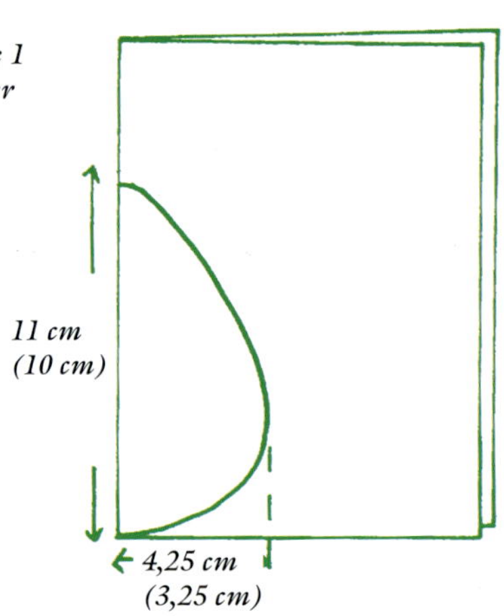


Nun haben wir für die Körper und Bärte der Weihnachtsmänner vier eiförmige Schablonen mit Hilfe von Papier, Schere, Stift und Lineal hergestellt. Das geht am besten, wenn wir uns das Papier einmal in der Mitte falten und ein halbes Ei ausschneiden und das Blatt wieder auseinander falten (Skizze 1). Die folgenden Maße sollten bei der angegebenen Kugelgröße ungefähr eingehalten werden:

| | | |
|---|---|---|
| großes Ei: | 11 cm hoch | 8,5 cm breit |
| kleineres Ei: | 10 cm hoch | 6,5 cm breit |
| großer Bart: | 6,5 cm hoch | 5,5 cm breit |
| kleiner Bart: | 4 cm hoch | 3 cm breit |

Bei den Bärten müssen wir noch einen Kreis im Inneren des Eies ausschneiden (Skizze 2).

*Skizze 2 Bärte*

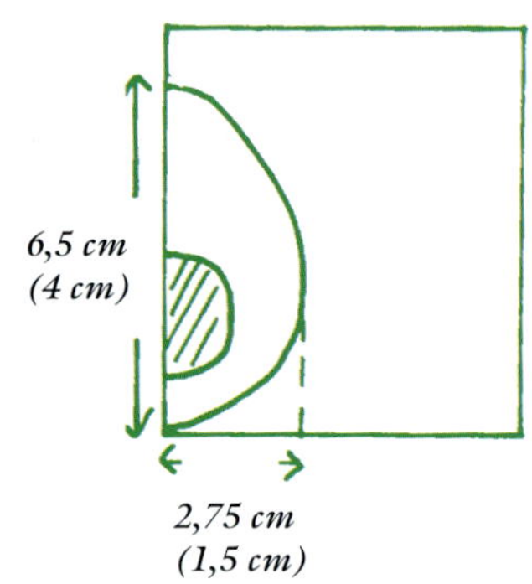


Nun legen wir die große Schablone viermal im oberen Drittel auf die Kugel und zeichnen mit einem nicht ganz spitzen Gegenstand (Schaschlikspieß oder Kugelschreiber) darum herum. Dazwischen

bleiben immer einige Zentimeter Abstand (Skizze 3).

*Skizze 3*

In die Zwischenräume legen wir nun die kleinere Eiform ebenfalls viermal an und zeichnen die Kontur nach, allerdings immer nur bis zu den Linien des großen Eies (Skizze 4).

*Skizze 4*

Nun rollen wir weißen Ton dünn aus und schneiden vier kleine Bärte aus. Wir setzen diese mit rotem Schlicker auf die Kugel auf: die großen Bärte auf die großen Körper, die kleinen auf die kleinen. Alle Teile sollten gut angedrückt werden. Wenn man mag, können die Bärte auch noch mit Rillen versehen oder mit einer Gabel oder einer kleinen Bürste aufgeraut werden (Skizze 5).

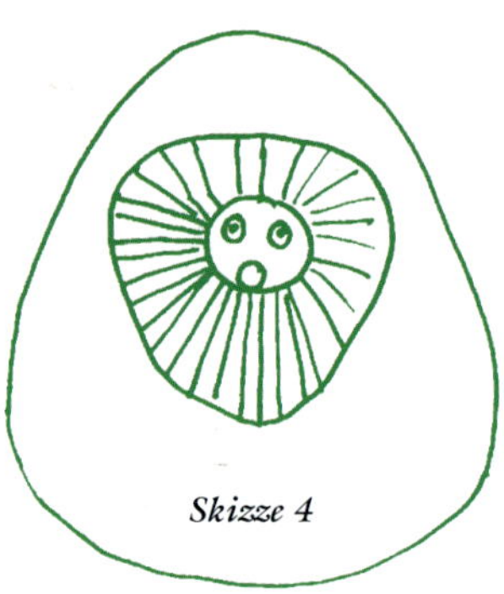

*Skizze 4*

Schließlich setzen wir noch kleine Halbkugeln als Nasen an den unteren Rand der kreisförmigen Gesichter. Für die Augen formen wir kleine weiße Tonscheiben und schlickern diese auf. Wer mag, kann noch kleinere Scheiben aus schwarzem Ton auf den weißen Scheiben befestigen. Man kann den schwarzen Punkt in den Augen allerdings auch mit Glasur aufmalen.

Erst jetzt schneiden wir den „Deckel“ ab. Dazu benötigen wir ein spitzes Messer oder ein Skalpell und schneiden vorsichtig an den Mützen entlang. Im Inneren können wir die Schale jetzt noch versäubern. Aus dem „Deckel“ können wir übrigens, sofern wir ordentlich geschnitten haben, noch einen pfiffigen Kerzenteller zaubern (Skizze 6).

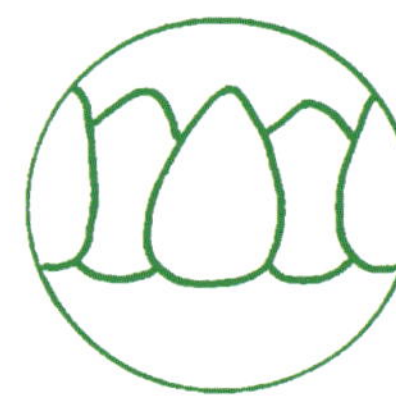

*Skizze 6*

Bevor wir die Schale brennen, beseitigen wir kleinere Unebenheiten und Krümel an den Linien und am Rand ganz vorsichtig mit etwas Schmirgelpapier.

Nach dem Schrühbrand glasieren wir die Schale mit den angegebenen Glasuren. Die Gesichter bleiben unglasiert. Die Augen bekommen einen Punkt aus schwarzer Glanzglasur. Falls wir schon kleine Pupillen aus schwarzem Ton aufgesetzt haben, können wir die Augen auch transparent glasieren.

***Tipp:*** Die Weihnachtsmannschale sieht auch schön in Blau aus. Die Schablonen kann man zudem prima benutzen, um einen Weihnachtsteller herzustellen. Wir schneiden mit einer Schale oder einem Tortenteller einen großen Kreis aus und zeichnen die Weihnachtsmänner, ähnlich wie bei der Kugel, rund um den Rand. Die Ränder können dann mit zerknülltem Zeitungspapier hochgebogen werden, oder wir legen unseren Tonkreis einfach in eine flache Schale oder einen großen Teller zum Trocknen.

# Winterkugel ✱✱✱✱

### *Material*

- ✦ weißer Ton, etwas roter Ton, etwas dunkler Ton
- ✦ Flüssigglasur in Kosmosschwarz (außen), in Weiß glänzend (Berge, Schneemann), in Dunkelgrün glänzend (Tannenbäume), in Dunkelbraun (Tür), in Gelb (Fenster), und außerdem benötigen Sie transparente Glanzglasur für die Häuser und den Vogel, sowie weiße Plusterglasur (Snow) für den unteren Teil, etwas Rot glänzend für die Dächer. Hut und Nase des Schneemanns bleiben unglasiert.

## *Anleitung*

Die Anfertigung der Winterkugel ist aufwendig und nicht ganz einfach, aber doch nicht so schwierig, wie es zunächst aussieht. Die Grundform ist wieder eine Kugel, die wir mit Hilfe von zwei Styroporhalbkugeln von ca. 20 cm Durchmesser hergestellt haben. Die Tonkreise, die wir darüber breiten, sollten einen Durchmesser von ca. 28 cm (z.B. eine Salatschüssel) haben und nicht zu dünn sein.
Ansonsten arbeiten wir in der „Kugeltechnik“ beschriebenen Grundanleitung weiter. Wir decken die Kugel mit einer Folie oder einer Plastiktüte ab und lassen sie bis zum nächsten Tag antrocknen. Falls man am nächsten Tag nicht weiterarbeiten kann oder will, packt man sie in eine Plastiktüte ein.
Der nächste Arbeitsgang wird vielleicht etwas ungewöhnlich erscheinen, aber er ist notwendig, um die Landschaft ohne große Mühe in die Kugel einzuarbeiten. Wir schneiden die Kugel nämlich wieder auf, und zwar ziemlich weit unten in Form einer größeren Welle, damit man später, nachdem die Landschaft eingebaut ist, weiß, wie Ober- und Unterteil aufeinander gehören (Skizze 1).
Auf das Unterteil setzen wir zunächst den Ring auf, in den wir später das Teelicht stellen wollen. Dazu schneiden wir uns einen 18 cm langen und 2,5 cm hohen Streifen aus etwa ½ cm dick ausgerolltem Ton zu. Aus diesem Tonstreifen formen wir uns einen Ring (Skizze 2), den wir etwa in der Mitte auf dem Boden mit Schlicker gut befestigen.
Außerdem formen wir noch drei fingerdicke, an den Enden gerade geschnittene Tonwülste, ca. 2,5 cm hoch, die wir senkrecht im Abstand von 1 bis 2 cm um den Ring herum auf dem Boden anschlickern. Diese Wülste dienen als Stützen (Skizze 3). Die Wülste und der Ring werden oben mit Schlicker versehen. Nun rollen wir uns ein dünnes Stück Ton aus, etwa kreisförmig und etwas größer als der Durchmesser der Kugel, und legen diese Platte über den Ring und die Wülste und verstreichen sie mit einem Modellierholz oder den Fingern am Rand der Kugel. Die Schnittfläche der Kugel sollte dabei möglichst nicht miteinbezogen werden, damit das Oberteil später wieder gut aufgesetzt werden kann.
Mit dem Finger fühlen wir, wo der Ring sitzt, schneiden die Tonplatte an dieser Stelle vorsichtig kreisförmig aus und verstreichen die Naht zwischen Tonplatte und Ring. Dort, wo das Kugelunterteil am tiefsten ausgeschnitten ist, ritzen wir außen eine kleine Markierung ein. Hier schneiden wir später die Öffnung ein (Skizze 4).

*Skizze 1*

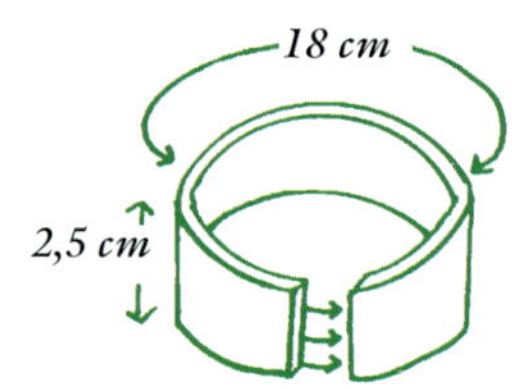


*Skizze 2*

*Skizze 3*

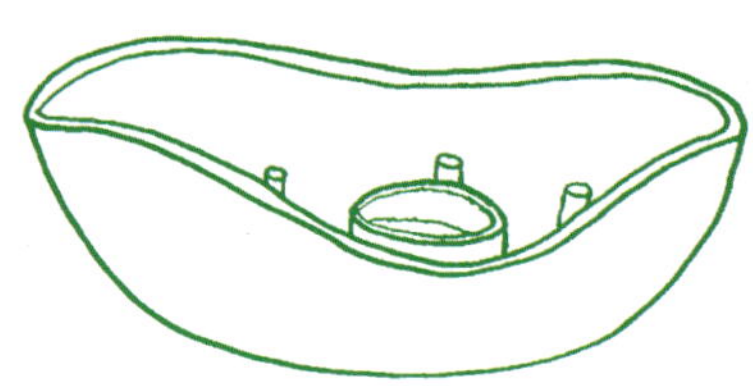

*Skizze 4*

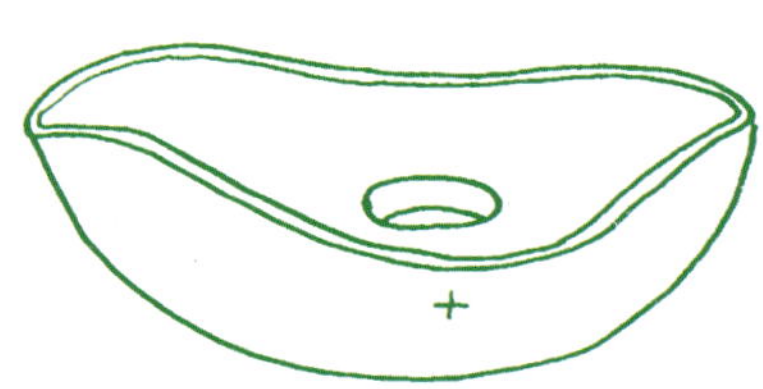

*Skizze 5*

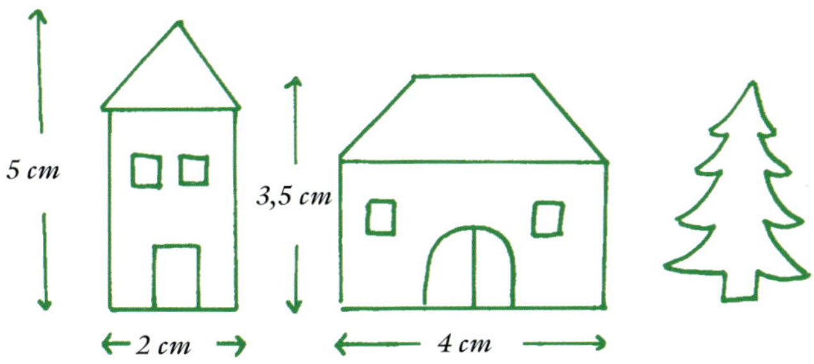


*Skizze 6*

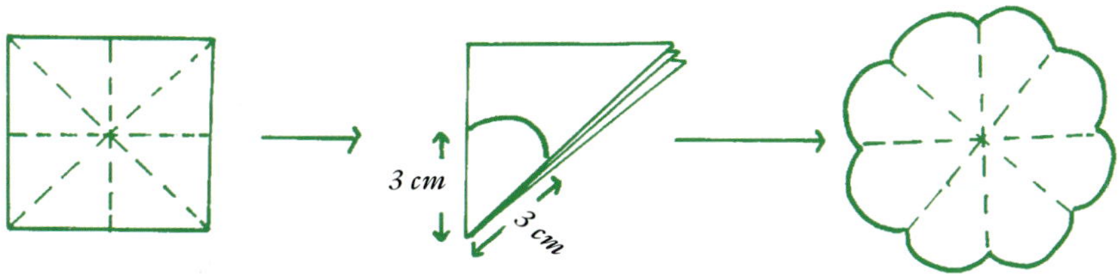


Nun nehmen wir uns das Oberteil vor, das so fest sein sollte, dass es sich nicht mehr verformt. Mit einer kleinen Ausstechform stechen wir Sterne aus. Sollte das nicht mehr funktionieren, weil der Ton schon zu fest ist, drücken wir lediglich die Konturen ein und schneiden die Sterne mit einem ganz spitzen Messer oder einem Skalpell aus. Schön sieht es auch aus, wenn wir mit einem Strohhalm zusätzlich kleine Kreise ausstechen und eine Mondsichel ausschneiden. Mit einem festen kleinen Borstenpinsel und Wasser können Unebenheiten und Tonkrümel beseitigt werden.

Nun versehen wir die Schnittflächen beider Kugelteile mit Schlicker, setzen sie aufeinander und verstreichen die Naht ordentlich. Wenn die Kugel ausreichend getrocknet ist, dürfte das passgenaue Aufeinandersetzen kein Problem darstellen. Oberhalb der markierten Stelle schneiden wir eine ovale Öffnung für die Kugel aus. Das kann freihand geschehen, oder aber mit Hilfe einer Schablone, wenn wir gern ganz exakt arbeiten.
Nun müssen wir die Kugel innen noch ein wenig an der Nahtstelle glätten, am besten mit einem Borstenpinsel und etwas Wasser.

Aus einem dünn ausgerollten Stück Ton schneiden wir noch zwei Häuser und einen Tannenbaum aus (Skizze 5). Wir ritzen diese Teile an der Rückseite etwas an, versehen sie mit viel Schlicker und befestigen sie im Inneren der Kugel, gegenüber der Öffnung.
In die Standfläche der Kugel stechen wir mit einem spitzen Gegenstand noch ein paar Löcher, damit die Luft aus dem Hohlraum beim Brennen entweichen kann. Dann stellen wir die Kugel beiseite. Das „Innenleben“, das wir als nächstes arbeiten, wird getrennt von der Kugel getrocknet. Nach dem Schrühbrand werden der Schneemann, die Tannenbäume und der Vogel auch getrennt glasiert und erst dann in die Kugel gestellt. Während des

*Skizze 7*

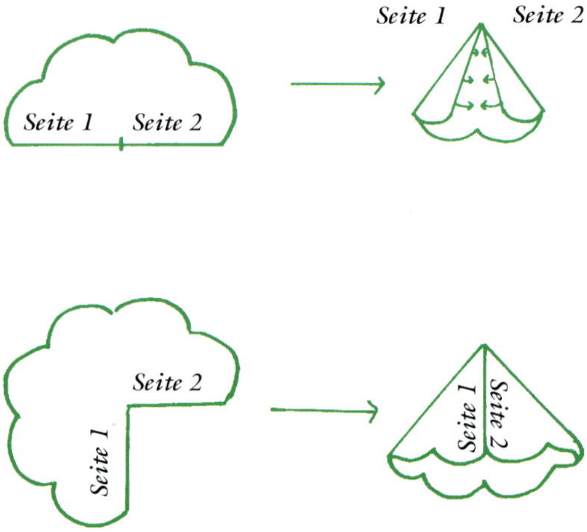


Glasurbrandes brennen die Teile dann am Boden der Kugel fest. Dieses Vorgehen erspart uns eine Menge Ärger beim Glasieren.

Der Schneemann besteht aus zwei kirschgroßen und einer erbsengroßen Kugel, die wir mit Schlicker versehen und übereinander setzen. Zuvor sollten wir die Kugeln an den Berührungsstellen noch etwas abflachen. Die Arme bestehen aus zwei dünnen Wülsten. Der Hut wird aus dunklem Ton aus einer kleinen Scheibe geformt. Die Nase ist ein winziger Wulst aus rotem Ton. Augen und Knöpfe werden mit einem spitzen Gegenstand eingedrückt.

Für die Bäume benötigen wir „Blumen" in drei verschiedenen Größen. Die gibt es als Ausstechformen zu kaufen. Man kann sich aber auch ganz einfach Schablonen herstellen. Dazu knicken wir je ein kleines quadratisches Stück Papier (z.B. vom Zettelblock) zweimal gerade und einmal diagonal, sodass ein Dreieck entsteht. Nun schneiden wir einen Bogen in dieses geknickte Blatt, und zwar je nach Blumengröße 3, 2 oder 1 cm von der Ecke entfernt. Wenn wir das Blatt wieder auffalten, haben wir die gewünschte Blume. Dann rollen wir Ton dünn aus und schneiden uns die Formen der Blumen aus. Für einen großen, schlanken Tannenbaum benötigen wir je eine Blume, die wir in der Mitte durchschneiden. Aus den sechs Hälften formen wir uns Tüten, die wir übereinander schlickern, und zwar zuerst die beiden großen, dann die beiden mittleren und schließlich die beiden kleinen. Ein dicker Tannenbaum entsteht, wenn wir nicht halbe, sondern ¾ Blumen benutzen (Skizze 7).

Der kleine Vogel besteht aus einem ca. 2 cm langen Tropfen und einer kleinen Halbkugel aus dunklem Ton. Beide Teile werden zusammen geschlickert. Der Schnabel ist ein winziger Kegel aus rotem Ton. Die Augen drücken wir mit einem spitzen Gegenstand ein.

Nach dem Schrühbrand werden die Kugel, die Bäume, der Schneemann und der Vogel wie beschrieben glasiert. Dann setzen wir die Einzelteile in die Kugel, sodass sie nicht kippen und brennen alles bei 1050°.

# Wintervase ✱✱✱✱

## *Material*

- weißer Ton
- Flüssigglasur in Weiß glänzend (oberer Teil der Vase, innen), in Dunkelgrün glänzend (Tannenbäume), Unterglasuren in Rot (Nasen der Schneemänner, Hutbänder), in Gelb (Schal), in Blau (Streifen auf dem Schal, Knöpfe) und in Schwarz (Hut und Augen) sowie transparente Glanzglasur für die Schneemänner und weiße Plusterglasur (Snow, für den unteren Teil und den Schnee auf den Bäumen).

## *Anleitung*

Die Grundform für diese Vase ist eine Kugel, die wir mit Hilfe von zwei Styroporhalbkugeln von ca. 20 cm Durchmesser hergestellt haben. Die Tonkreise, die wir darüber breiten, sollten einen Durchmesser von ca. 28 cm (z.B. eine Salatschüssel) haben. Diese Kreise drücken wir langsam und vorsichtig auf die Styroporhalbkugeln, sodass sie eng darauf anliegen und möglichst keine Falten schlagen. Je dünner der Ton ausgerollt ist, desto schwieriger wird dieses Unterfangen. Ansonsten arbeiten wir in der unter dem Kapitel „Kugeltechnik“ beschriebenen Weise weiter.
Um die fertige Tonkugel, die ruhig schön angetrocknet sein kann, legen wir wellenförmig unten einen Wulst, den wir in Pfeilrichtung verstreichen (Skizze 1).
Auf dieser Welle werden vier kleinere und ein größerer Tannenbaum und fünf Schneemänner (Skizze 2) verteilt, die wir aus dünn ausgerolltem Ton ausschneiden. Vor dem Aufsetzen müssen wir die Teile auf der Rückseite aufrauen, einschlickern und dann gut andrücken, um Lufteinschlüsse darunter zu vermeiden.
Die Tannenbäume haben wir an der Oberfläche noch etwas eingekerbt. Die Nase der Schneemänner wird als kleine Kugel mit Schlicker aufgesetzt. Der Schal ist eine ganz dünne Wulst, die ebenfalls aufgeschlickert wird. Die Augen und Knöpfe drücken wir mit einem Kugelschreiber (Mine versenken) ein. Erst jetzt schneiden wir mit einem spitzen scharfen Messer die kreisförmige Öffnung aus. Dazu suchen wir uns eine geeignete kreisförmige Form mit 9 bis 10 cm Durchmesser, z.B. eine Cremedose. Innen wird die Vase jetzt noch ordentlich verstrichen.
Nach dem Schrühbrand wird die Vase mit den angegebenen Glasuren versehen. Die angegebenen Unterglasuren sollte man nicht extra anschaffen. Man kann statt dessen für Schal, Hut, Augen, Knöpfe und Nase auch „normale“ Glasuren benutzen und die Schneemänner ansonsten unglasiert lassen. Die Brenntemperatur liegt bei 1050°.

*Skizze 1*

*Skizze 2*

# Weihnachtsmann aus Kugeln ✱✱✱✱

***Material***

- dunkler Ton
- Flüssigglasuren in Mittelrot glänzend (Mantel, Mütze, Nase) und Weiß glänzend (Ränder an Ärmel und Mütze, Bommel), Plusterglasur in Weiß (Snow, für den Bart), Dunkelbraun (Handschuhe), Schwarz glänzend (Augen)

## *Anleitung*

Der Weihnachtsmann wurde aus zwei Kugeln hergestellt. Der Körper ist so groß wie ein kleiner Gymnastikball, der Kopf hat die Größe einer Apfelsine. Für den Körper haben wir mit Hilfe von zwei Styroporhalbkugeln (Durchmesser von 15 cm, Umfang 48 cm) eine Tonkugel hergestellt, so wie unter dem Kapitel „Kugeltechnik" beschrieben.

Für den Kopf formen wir eine apfelsinengroße Kugel (voll), die in der Mitte durchgeschnitten wird. Beide Hälften werden mit einer Modellierschlinge aus dem Fachhandel oder einem Löffel ausgehöhlt bis zu einer Wandstärke von etwa 1 cm oder etwas weniger. Die Ränder werden mit Schlicker versehen. Wir setzen die Hälften wieder zusammen und verstreichen alles gut mit dem Küchenmesser. Schließlich schneiden wir eine kleine Scheibe von der Kugel ab, damit wir eine Auflagefläche erhalten.

Die Kugel für den Körper kann übrigens auch mit der „Aushöhltechnik" hergestellt werden. Wir sind der Ansicht, dass die oben beschriebene Kugeltechnik mit Styroporformen einfacher ist, wenn man erst einmal den Bogen heraus hat. Natürlich kann auch der Kopf in dieser Technik geformt werden. Als Kugelform bietet sich dann beispielsweise ein Tennisball an.

Nun setzen wir den Kopf mit Schlicker auf den Körper auf. Zuvor müssen Körper und der Kopf an den Ansatzstellen mit je einem ausreichend großen Loch versehen werden, damit sich die Luft beim Brennen aus dem Kopf in den Körper ausdehnen kann. Der Körper sollte so trocken sein, dass er sich nicht mehr leicht verformt.

*Skizze 1*

Um den Ansatz zwischen Kopf und Körper legen wir einen dünnen Tonwulst, den wir gut verstreichen (Skizze 1).

Für die Mütze schneiden wir uns aus einem ausgerollten Stück Ton einen Halbkreis mit einem Durchmesser von ca. 20 cm aus (Frühstücksteller) und formen

*Skizze 2 Mütze*

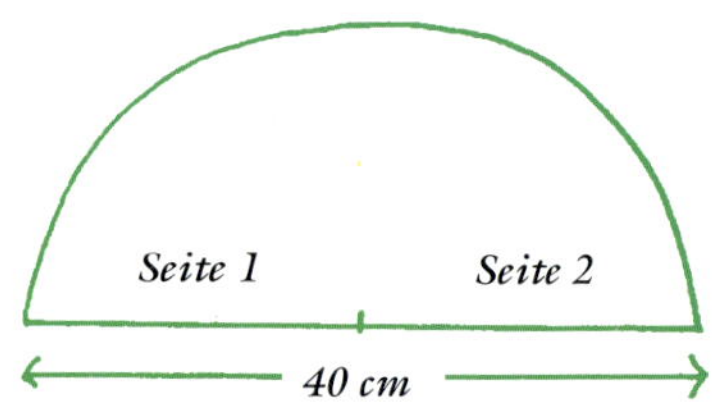


eine Tüte (Skizze 2).

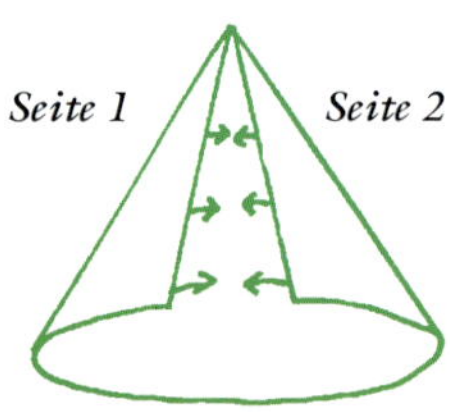


Diese verstreichen wir am Kopf, sodass die Ansatzstellen nicht mehr zu sehen sind. Zuvor muss unbedingt unter der Mütze ein Loch in den Kopf gebohrt werden, damit sich die Luft beim Brennen aus der Mütze in Kopf und Körper ausdehnen kann. Der Rand der Mütze besteht aus einem fingerdicken Wulst, den wir um den Kopf legen und in Richtung Mützenspitze verstreichen. Zum Schluss noch eine kirschgroße Tonkugel als Bommel aufsetzen.

Für den Bart benötigen wir eine Tonplatte in Form einer Ellipse, ca. 9 cm breit und 11 cm lang. Man kann dafür auch weißen Ton benutzen. Etwa 2 cm vom oberen Rand wird für den Mund ein Loch von 1 cm Durchmesser ausgeschnitten, z.B. mit einem Apfelausstecher oder einfach freihändig (Skizze 3).

Den Bart setzen wir 2 bis 3 cm unterhalb der Mütze mit reichlich Schlicker auf

*Skizze 3 Bart*

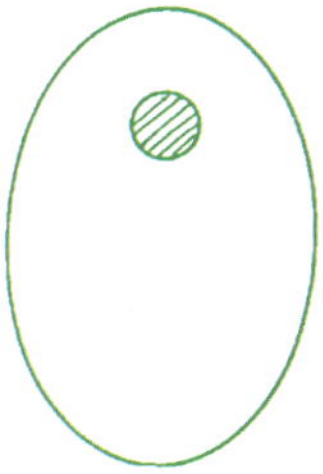

*Skizze 4 Rucksack*

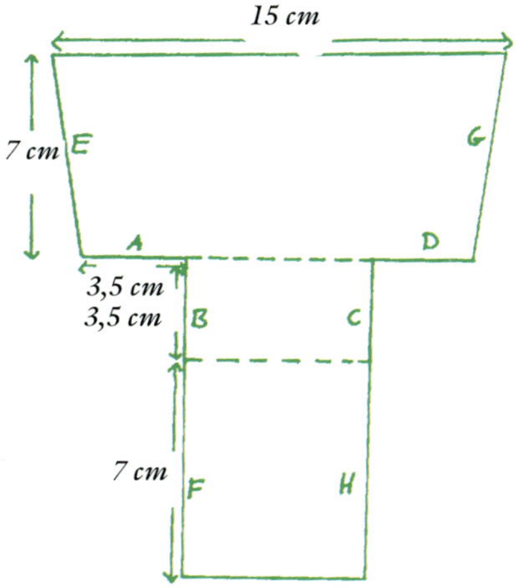


Kopf und Körper auf und drücken ihn gut an. Unter dem Bart darf keine Luft mehr sein, da er sonst beim Brennen abplatzt. Eine 1 cm große Kugel bildet die Nase, die wir etwas abflachen und an der Oberkante des Bartes aufsetzen. Die Augen werden mit einem Pinselstiel oder einem Bleistift eingedrückt. Man kann auch zwei kleine Scheiben aus weißem Ton aufsetzen und auf diesen zwei kleinere Scheiben aus schwarzem Ton aufschlickern. Schließlich bohren wir noch durch die Öffnung im Bart ein Loch in den Kopf. Zwei 11 cm lange, besenstieldicke Wülste bilden die Arme. Die Wülste werden an einer Seite gerade abgeschnitten und der Länge nach etwas abgeflacht, sodass man eine Auflagefläche erhält. Diese wird etwas angeraut und mit Schlicker versehen. Die Arme werden fast waagerecht auf den Körper aufgesetzt, sodass sie mit den geraden Enden, ca. 5 cm voneinander entfernt, auf dem Bart enden.

Die Hände bestehen aus zwei bohnenförmigen Stücken Ton, die wir flachdrücken. Der Daumen ist ein kleiner Wulst, der an die Hände angestrichen wird. Nun schlickern wir die Hände auf den Bart und verstreichen sie mit den Armen. Um die Ansatzstelle legen wir mit Schlicker ein kleiner Wulst. Als nächstes arbeiten wir den Rucksack aus einem ausgerollten Stück Ton. Will man mehrere Weihnachtsmänner arbeiten, empfiehlt sich die Herstellung einer Schablone. Ansonsten zeichnen wir die entsprechende Form (Skizze 4) mit einem Lineal direkt auf den Ton und fügen durch Schlickern und Verstreichen Kante A an Kante B, Kante C an D, Kante E an F und Kante G an H an.

Der Rucksack wird hinten am Körper mit Schlicker aufgesetzt und sorgfältig angedrückt. Man kann noch ein paar Sternchen ausstechen und auf dem Rucksack befestigen. Eventuell eine Flasche oder einen anderen geeigneten Gegenstand dagegen stellen, damit der Rucksack nicht wieder abreißt.
Der Weihnachtsmann wird nach dem Schrühbrand in der angegebenen Weise glasiert und bei 1050° gebrannt.

ENGLISCH VERLAG

kreativ

ISBN 3-88140-0198-9
Broschur, 64 Seiten

ISBN 3-8241-0686-8
Broschur, 64 Seiten

ISBN 3-8241-0795-3
Broschur, 48 S., Vorlageb.

ISBN 3-8241-0737-6
Broschur, 64 Seiten

ISBN 3-8241-0758-9
Broschur, 32 Seiten

## *Lust auf Mehr?*

Liebe Leserin, lieber Leser,

natürlich haben wir noch viele andere Bücher im Programm. Gerne senden wir Ihnen unser Gesamtverzeichnis zu. Auch auf Ihre Anregungen und Vorschläge sind wir gespannt. Rufen Sie uns einfach an oder schreiben Sie uns.

---

Englisch Verlag GmbH
Postfach 2309 · 65013 Wiesbaden
Telefon 06 11/9 42 72-0 · Telefax 06 11/9 42 72 30
E-Mail info@englisch-verlag.de
Internet http://www.englisch-verlag.de